"十三五"中等职业教育部委级规划教材

服装工业样板
制作与推档

■ 郝红花 / 主　编

中国纺织出版社有限公司

内 容 提 要

本书是结合服装企业岗位对员工的素质培训要求,以项目为引领编撰的具有职业教育特色的教材。本书内容取材于企业的真实订单,包括裤装、女装、男装、童装四个模块,通过项目描述、项目分析、项目实施、知识链接、项目评价五个环节,详细介绍了服装企业从款式描述、客户资料分析、初样制板、样板确认、样板推档放缩、服装排料的全过程,并通过知识链接和职业技能鉴定指导使学习者掌握工业样板制作、样板缩放原理等知识。读者通过学习和训练,能更好地掌握教材内容,并能举一反三实现技能提升与技能鉴定的双丰收,与企业零距离对接。

图书在版编目(CIP)数据

服装工业样板制作与推档 / 郝红花主编 . -- 北京:中国纺织出版社有限公司,2023.11
"十三五"中等职业教育部委级规划教材
ISBN 978-7-5180-5623-1

Ⅰ.①服… Ⅱ.①郝… Ⅲ.①服装样板 - 中等专业学校 - 教材 ②服装量裁 - 中等专业学校 - 教材 Ⅳ.①TS941.631

中国版本图书馆 CIP 数据核字(2018)第 261369 号

责任编辑:郭 沫　责任校对:寇晨晨　责任印制:王艳丽

中国纺织出版社有限公司出版发行
地址:北京市朝阳区百子湾东里A407号楼　邮政编码:100124
销售电话:010 — 67004422　传真:010 — 87155801
http://www.c-textilep.com
中国纺织出版社天猫旗舰店
官方微博http://weibo.com/2119887771
三河市宏盛印务有限公司印刷　各地新华书店经销
2023年11月第1版第1次印刷
开本:787 × 1092　1/16　印张:10.75
字数:200千字　定价:59.80元

凡购本书,如有缺页、倒页、脱页,由本社图书营销中心调换

序

经济发展、社会进步引领着职业教育的改革与发展，职业教育的改革与发展助推着经济发展和社会进步。国家中等职业教育改革发展示范学校建设指导着我国中等职业教育的改革。在2011年，我校列入国家中等职业教育改革发展示范学校立项建设计划。这既是推动学校发展的良好契机，更是挑战学校发展能力的严峻考验。

优化职业教育人才培养模式既是国家中等职业教育改革发展示范学校建设的重要内容，也是职业教育适应经济发展和社会进步的必然要求。人才培养模式包括思想教育、培养目标、课程模式、教学形式等多种要素，而课程模式则是人才培养模式改革之核心。

职业教育长期受普通教育观、传统学校观的影响，课程模式中学术化倾向比较严重。这种学术化倾向主要表现为课程体系采用文化基础课、专业理论课和专业实践课"三段式"结构与顺序展开，课程内容按照知识学科的分类逻辑排序，课程的实施按照"理实分离"方式进行。这种课程模式既不符合"以形象思维见长"的职业学校学生认知特点，也不利于他们在学习过程中职业能力的形成。因此，职业教育课程模式改革势在必行、时不我待。

作为浙江省首批中等职业教育课程改革基地学校，近几年来我校一直致力于职业教育课程改革的实践，取得了良好成绩。2011年，经省职教教研室评选后选送教育部的36本优秀校本教材中，我校有6本被选中。更可喜的是，课程改革实践增强了我校教师课程开发的意识，提高了教材编写的能力。

"职业导向、分类培养"是我校示范校建设中人才培养的价值追求，"学做一体、阶段递进"是我校示范校建设中课程改革的行动指南。本次开发的校本教材是我校改革发展示范校四大重点专业课程改革的实验教材。这些教材体现着我校教学改革的文化脉络，凝聚着重点骨干专业全体教师的心血，是我校示范校建设课程改革实践的显性成果。本批教材充分体现了"教学内容具有现代性和实用性，知识逻辑具有层次性和技术性"的特点，积极贯彻了"工作过程导向、理实一体、行知合一"的职业教育新课程改革理念。它们既符合职业教育的改革方向，也反映着专业技术的发展趋势；它们是教师组织教学的"良师"，也是学生自主学习的"益友"；它们更是职业教育专业课程园地里的一朵朵崭新的"小花"。

"不变"是蓄势待发的瞬间，"变"才是永恒不变的主题。示范校改革的方向已明、号角已响。让我们秉承"敬精"的校训，以更高的热情、更强的意志、更坚定的步伐投身于改革发展示范校建设的"攻坚战"，献身于职业教育改革发展的"持久战"。

校长　姚雁

2022 年 8 月

前　言

我国目前大力发展职业教育，把提高质量作为重点，以服务发展为宗旨，以促进就业为导向，以提升学生职业素养、岗位能力和持续发展能力为根本任务，努力促进专业和产业、职业岗位的对接，推进教育教学改革的深度发展。

姜大源先生在《职业教育学研究新论》中指出，职业教育课程应以从业实际应用的经验与策略的习得为主，以适度够用的概念和原理的理解为辅，即以过程性知识为主，陈述性知识为辅。因此职业教育的教材开发应以具备职业能力为目标，以职业技能训练为中心任务，以工学结合为体系的要求而编写。

教程改革是加强职业能力教育的重要保证。课程改革将能力培养目标转化为教学目标，按教学目标安排教学内容和教学环节，最终形成从内容到形式都协调统一的课程体系。我们用了近三年时间，在深化改革、深入调查研究的基础上，编撰出具有中职服装教育特色，适应服装企业岗位对员工素质要求的"双证书"教材。

本教材适用于高三就业班模块课教学和企业员工的职业技能等级证书的考证培训。在内容选择、编排形式上都有创新，内容取材于企业的真实订单，结合服装企业岗位任务与能力，从款式描述、客户资料分析、初样制板、样板确认、样板推档放缩、服装排料等几个方面，介绍了服装工业制板、放缝、推档的方法和技巧，使能力培养目标、教学目标同就业实践课程体系结合起来，突出了职业能力培养，并用于指导企业生产、管理和监控，体现了专业对接产业的理念。

本教材在详细的实例解析之后，通过知识链接和职业技能鉴定指导帮助学习者更好地学习各项目内容，从而达到触类旁通、举一反三的目的。教师可以根据教学实际情况，灵活增删模块中的项目，根据发展和企业的需求补充新的内容。

本教材由郝红花担任主编，负责全书体例的把握和统稿修改，姚林英担任副主编，负责本书的技术把关。其中，模块一由郝红花和李瞳编写，模块二由姚林英编写，模块三由姜利晓编写，模块四由于健燕编写，吴娟和欧欣怡主要负责技能鉴定题目的整理和款式图的绘制。感谢吴美华（已退休）为本书所付出的辛勤劳动，感谢张文斌教授和张福良教授对本书的指导。

教材的编写是从"学"到"编"一步步走过来的。由于我们的技术水平和专业水平有限，疏漏之处在所难免，恳请同行们提出宝贵意见，以便及时修订。

编者

2022 年 6 月

目　录

模块一

裤装工业样板制作与推档

知识目标

1. 学习工业制板的相关基础知识。

2. 学习牛仔裤、休闲裤、西裤等工业制板的方法，进一步熟悉服装CAD制板、推档和排料的工具和方法。

3. 学习面料性能与工业制板的关系，学习面料缩率的计算方法。

技能目标

1. 掌握常用裤装工业制板的方法。

2. 掌握服装面料缩率的计算方法，能根据缩率计算水洗前裤装尺寸。

3. 掌握裤装工业样板推档和排料工具的功能及使用方法，能使用服装CAD制板、推档、排料工具进行相应的操作。

模块导读

本模块取材于不同企业的外贸订单，由于每家企业对应的客户不同，所提供的客户资料也具有不同的企业特色。本模块选取低腰紧身牛仔长裤、低腰休闲贴袋长裤和休闲长西裤等三款有代表性的裤装进行展开讲解和训练，按照项目描述、项目分析、项目实施、知识链接和项目评价的过程，对服装工业制板从款式描述、初样制板、样板确认、样板推档放缩、服装排料等完整流程进行详细讲解，期间融入服装工业样板制作与推档的基础知识、服装工业样板制作的方法与流程、面料缩率的测试与计算、成品裤装的测量方法等知识，旨在培养实训者工业制板、推档和排料的能力。

项目一　低腰紧身牛仔长裤

一、项目描述

这是一款外贸生产订单服装。请根据款式描述和客户资料分析，对低腰紧身牛仔长裤进行工业制板，并进行放缝、推档和排料。

二、项目分析

（一）款式描述

此款为低腰紧身牛仔长裤（图1-1），裤腿呈喇叭状，裤长至脚踝。弧形腰头，门襟处锁圆头扣眼，钉工字扣。直裆较短，贴体合身，五个串带（企业称蚂蟥襻），上下用套结固定。前中开门襟装拉链，前后裤片无裥、无省。前裤片左右各设一个月牙袋，右袋处设一个硬币袋，后裤片左右各设一个贴袋，后裤片上部育克分割。

图 1-1　低腰紧身牛仔长裤款式图

（二）客户资料分析

1. 配料表（表1-1）

表1-1　低腰紧身牛仔长裤配料表

水洗：重石磨酵素洗　　**面料**：弹力牛仔布	
用线：配色　　**针脚**：12针/3cm	
拉链：白铜亚光链齿，码带配水洗后颜色，注意拉链齿距布边0.2cm	
商标：红色长方形商标，位于后腰中部，四周缝线	
尺码标：位于主商标下中部	
吊牌：红色吊牌透明胶片，胶片后粘条形码和白色不干胶贴，注意透明胶片要放在最上面，条形码朝上	
备纽袋：内装一套工字扣备用	
吊绳：全棉红色粗线，挂在成品裤装左边串带上	
洗涤标：印商标，位置在成品裤装左边，缝于离腰头3cm的侧缝内	
后口袋绣字：右后口袋右上角绣S字样，花型见图纸（此文略）	
后口袋：上口缉明线，距边缘1.3cm，下口缉明线，距边缘0.6cm	
贴标：装在硬币袋口	
纽扣：白铜亚光纽扣，直径1.7cm，锁圆头眼	

注　配色指与面料相同的颜色；码带指拉链上的拉布条。

2. 搭配表（表1-2）

表1-2　低腰紧身牛仔长裤不同颜色和尺码数量搭配表　　　　　单位：件

颜色	尺码				
	40码	42码	44码	46码	48码
白色	100	200	200	200	100
红色	100	200	200	200	100
军绿	100	200	200	200	100
卡其	100	200	200	200	100
黑色	100	200	200	200	100
总计	4000				

3.规格表（表1-3）

由于牛仔裤需要水洗，水洗后尺寸会有相应的缩小。而各种面料的性质不同，各款服装的缩水率也不相同，其数据必须经过测试获得。因此许多企业尺寸规格表分为水洗前尺寸和水洗后尺寸。注意：工业制板时需要根据水洗前尺寸进行制板，如果提供的尺寸为水洗后尺寸，则需要加入经纬缩率进行计算制板。

表1-3　低腰紧身牛仔长裤水洗前规格表　　　　　　单位：cm

部位	规格					档差
	40码	42码	44码	46码	48码	
①1/2腰围	35	37	39	41	43	2
②1/2臀围：腰下17cm	44	46	48	50	52	2
③1/2横裆	27	28	29	30	31	1
④1/2膝围：裆下30 cm	19.5	20	20.5	21	21.5	0.5
⑤1/2脚口围	27	27	27	27	27	0
⑥前裆线长（含腰头）	21.5	22	22.5	23	23.5	0.5
⑦后裆线长（含腰头）	31.5	32	32．5	33	33．5	0.5
⑧后育克中线高	5.5	5.5	5.5	5.5	5.5	0
⑨后育克边高	2	2	2	2	2	0
⑩袋距侧缝	6	6.5	7	7.5	8	0.5
⑪硬币袋口大	5	5	5	5	5	0
⑫月牙袋口大	7	7	7	7	7	0
⑬硬币袋长	3.5	3.5	3.5	3.5	3.5	0
⑭后袋口大	12.5	12.5	12.5	12.5	12.5	0
⑮后袋中线长	12	12	12	12	12	0
⑯后袋边长	10	10	10	10	10	0
⑰后袋底大	11.5	11.5	11.5	11.5	11.5	0
⑱串带长	6	6	6	6	6	0
⑲串带宽	1.2	1.2	1.2	1.2	1.2	0
⑳裤长（含腰头）	108	109	110	111	112	1
㉑门襟宽	4	4	4	4	4	0
㉒门襟长	11	11.5	12	12.5	13	0.5

注　缩率：经缩6%，纬缩4%。

本款牛仔裤围度尺寸采用半围，是将成品裤装放平测量所得的尺寸，制板时公式与普通裤装不同。测量部位图示如图1-2所示。

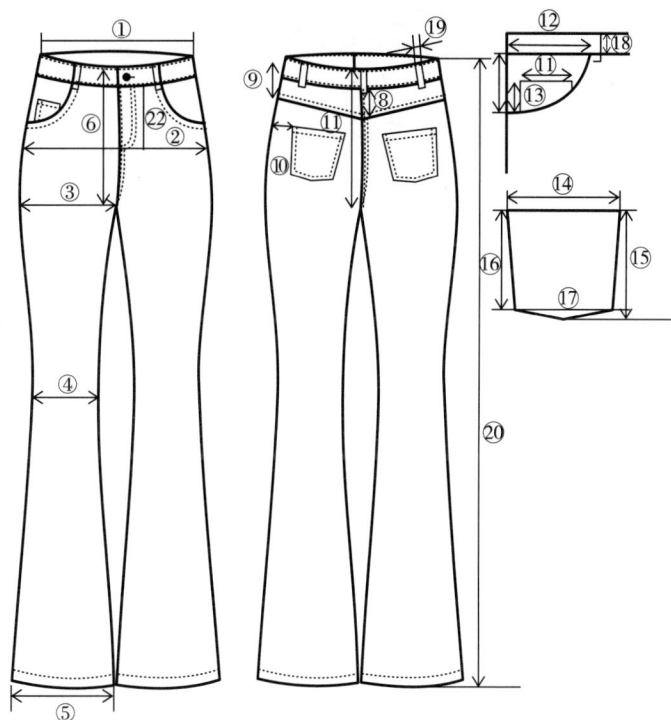

图1-2　低腰紧身牛仔长裤测量部位图示

三、项目实施

（一）初样制板

选取尺寸规格表中的中间号44码进行初样制板。由于本款制图采用水洗前尺寸，所以不需加缩率（图1-3）。

1.前片制板公式与要点

裤装前片制板，如图1-3所示。

（1）前侧缝基础直线：最先绘制的基础直线，长度按照裤长尺寸绘制（含腰头）。

（2）上平线：垂直于前侧缝直线，位于该线的最上端，也称裤长线。

（3）下平线：从上平线向下量裤长尺寸，垂直于前侧缝直线，也称脚口线。

（4）臀围线：沿前侧缝直线，从上平线向下量取17cm定点，画前侧缝直线的垂线。

（5）前臀围大：沿臀围线做前侧缝直线的平行线，距离为$\dfrac{臀围}{4}-1\text{cm}$，定点画线至上平线。

（6）前裆缝斜线：在前腰中点撇进1.5cm，弧线画顺。

（7）小裆宽：做前臀围大线的平行线，距离3cm，画短横线。

（8）前裆线长：沿前裆缝斜线，从上平线向下1.5cm定点向下量前裆线长，经过前臀围大点，交于小裆宽线。

（9）前横裆线：经过小裆宽点做前侧缝直线的垂线。

（10）前烫迹线：将小裆宽至前侧缝直线之间的距离二等分，向侧缝方向移2cm定点，过该点做前侧缝直线的平行线，虚线画顺。

（11）膝围线：从横裆线向下量30cm定点，过该点做前侧缝直线的垂线，也叫中裆线。

（12）前膝围大：$\dfrac{膝围}{2}-2cm$，以烫迹线为基准两边平分。

（13）前脚口大：$\dfrac{脚口围}{2}-2cm$，以烫迹线为基准两边平分。

（14）画顺前侧缝弧线：前侧缝撇势取1.5cm，通过臀围大点、膝围大点、脚口大点画顺侧缝线，注意中裆线至横裆线之间视具体情况略向内凹进0.5~0.7cm画顺。

（15）前腰围大：$\dfrac{腰围}{4}+$省量，从前裆撇势连接画顺至侧缝撇势，注意腰口两侧要垂直。

（16）画顺下裆缝线：将小裆宽点、中裆大点、脚口大点连接，膝围线以上向内凹进0.7~1cm画顺。

（17）画顺前腰口线：从前裆撇势点用弧线连接至侧缝撇势点，注意腰口两端要与侧缝线和前裆弧线垂直。

（18）画门襟、里襟位置：按尺寸画出门襟位置，里襟长、宽比门襟各多出0.5cm。

（19）画月牙袋和硬币袋位置：根据制板结构图和尺寸规格表，画出月牙袋和硬币袋位置，在月牙袋中融入弧形省（尺寸为前片臀腰差除去前中线和侧缝线处的撇进量）。

2. 后片制板公式与要点

裤装后片制板，如图1-3所示。

（1）后侧缝直线：距离前小裆宽35~40cm，做前侧缝直线的平行线。

（2）将前片的上平线、臀围线、中裆线和脚口线延长至后侧缝直线，后片横裆线低落1cm左右（也叫落裆线）延长至后侧缝直线。

（3）后臀围大：沿臀围线，从后侧直线量取$\dfrac{臀围}{4}+1$，作后侧缝直线的平行线。

（4）后横裆大：沿落裆线量取横裆×2-前横裆大+0.5cm（缝份）。

（5）后烫迹线：将后横裆大线二等分点向侧缝方向移2cm定点，用双点划线画后侧缝直线的平行线。

（6）后裆缝斜线：从后臀宽点取比值15:4，确定后裆缝斜线。

（7）后裆线长：从后横裆大点开始，沿后裆缝斜线，经过臀围大点量取后裆线长。注意：后裆线过长会导致后翘过高，后腰口不平服。本款裤装面料选用弹力府绸，制作时容易拉长，因此后裆线长减掉1cm。

（8）后腰围大：$\dfrac{腰围}{4}$+省。注意：后裆斜线与腰口线垂直。

（9）后膝围大：$\dfrac{膝围}{2}$+2cm，以烫迹线为基准两边平分后膝围大。

（10）后脚口大：$\dfrac{脚口围}{2}$+2cm，以烫迹线为基准两边平分后脚口大。

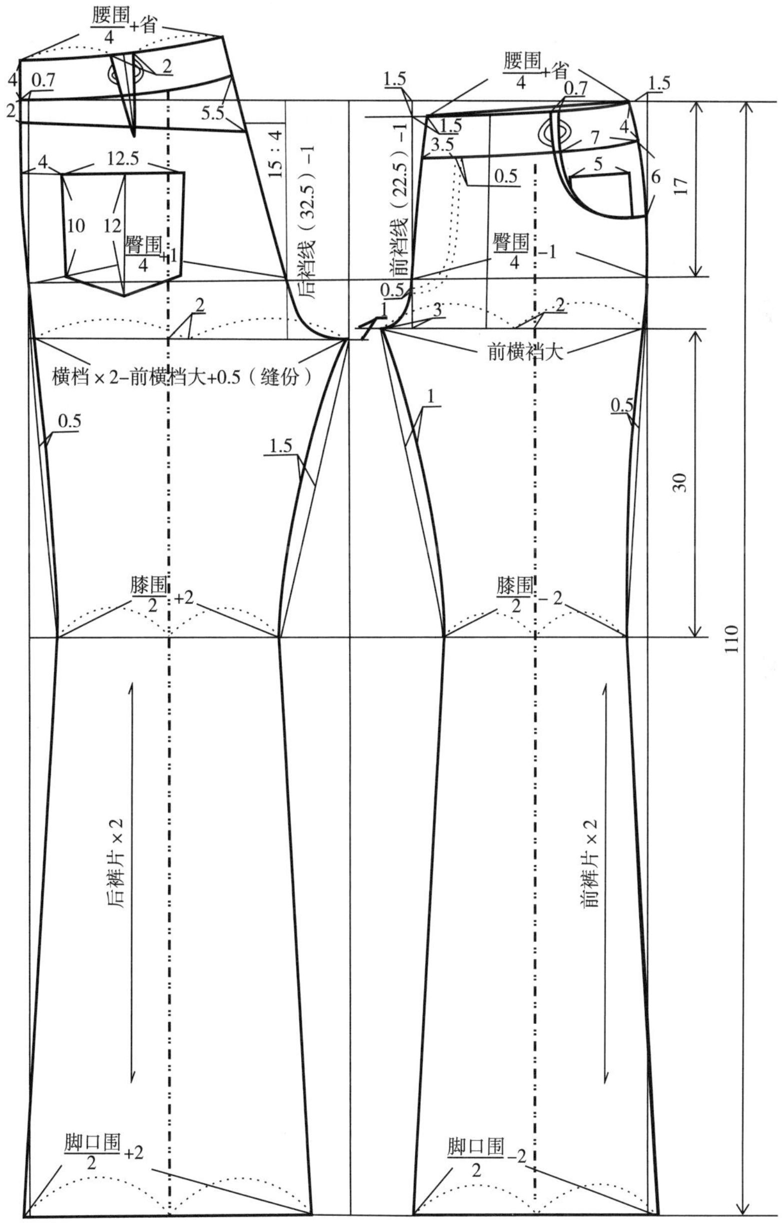

图1-3　低腰紧身牛仔长裤前后片制板

（11）画顺后片轮廓线：画顺后片侧缝线，从后腰围大点，经过臀围大点、膝围大点和脚口大点画顺，注意在横裆线与膝围线之间凹进0.5cm左右；下裆线画顺时，膝围线上部凹进1.5cm左右；后腰口线画顺，侧缝与后裆缝均须与腰口线垂直。

（12）后育克：按照后育克中线高5.5cm和后育克边高2cm画出后片育克。一般情况下，后片育克通常采用直料，但低腰裤或面料经纬缩率相差较大时，也可采用横料，与裤片保持一致。

（13）后腰省：将后腰围线二等分定点，过该点做腰口线的垂线，以此为中线，将省大两边平分。

（14）后贴袋：根据图示和后贴袋尺寸，画出后贴袋位置。

3. 零部件制板

进行零部件制板时，均以前、后裤片的样板为依据。零部件均须打毛样和净样两种样板，净样板作为工艺制作时的基准板。

（1）腰头制板。整腰头，即侧缝处没有拼接。将前、后腰头从裤片上拷贝下来，折叠省缝，并将前、后腰头在侧缝处连起来，然后从后中连折裁剪，形成整腰头，将各段弧线画顺，并在右侧加出4cm里襟宽度（图1-4）。

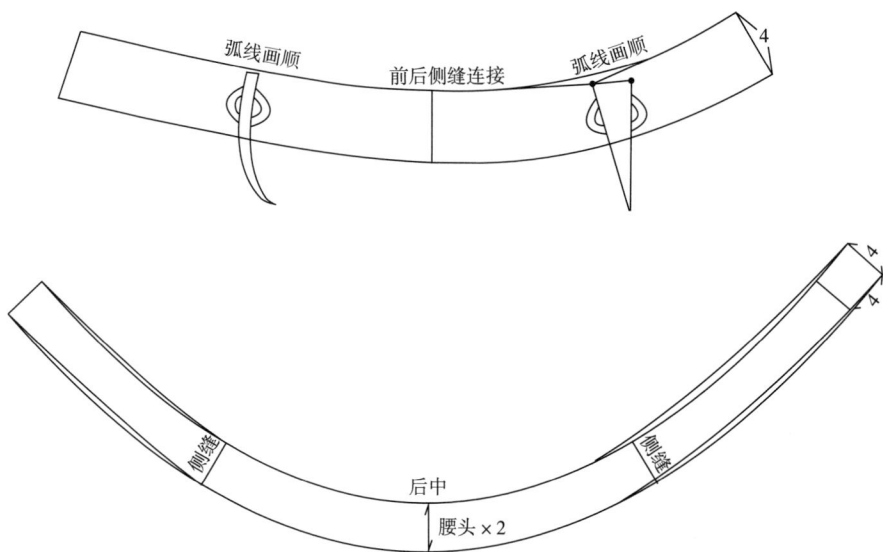

图1-4 腰头制板

（2）后片育克制板。将后片育克从裤片中取出，合并省缝，画顺线条。后育克一般采用直料，如经纬缩率相差较大，则采用横料，与裤片保持一致（图1-5）。

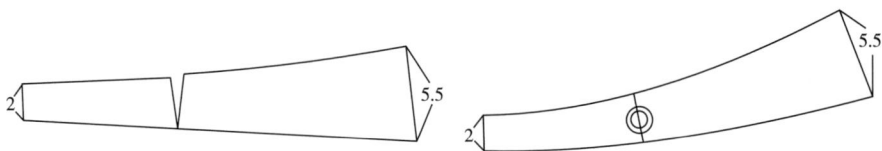

图1-5 后片育克制板

（3）月牙袋布、袋垫布制板。根据月牙袋的形状、大小在裤片上打毛样。袋布宽度为14.5cm×2，长度可至横裆线上下1~2cm（图1-6）。

（4）门襟、里襟制板。门襟长12cm，宽3.5cm。若无特殊要求，可根据前裆线长制板。里襟长度比门襟略长0.1~0.5cm，两片连折，能盖住门襟（图1-7）。

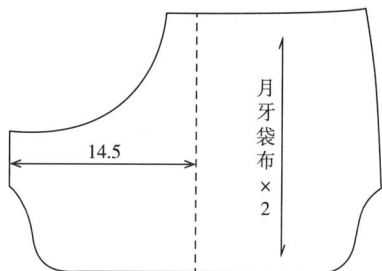

图1-6　月牙袋布、袋垫布制板　　　　图1-7　门襟、里襟制板

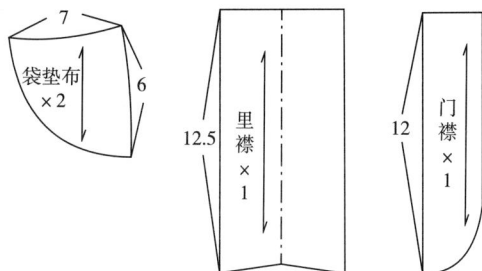

（二）样板确认

1. 基础纸样的检查

（1）观察样板是否与样品要求相符（造型与结构）。

（2）审核样板的规格是否与所提供尺寸相一致，是否考虑了工艺要求。

（3）审核制板是否与款式相符合。

（4）审核细部造型是否与实物相吻合。

（5）审核各相关部位尺寸是否吻合。

（6）审核零部件制板是否齐全。

2. 样板放缝（图1-8）

（1）脚口处缉明线2cm，两折光，缝份3cm。

（2）后袋口两折光，缝份3cm。

（3）其余部位缝份1.2cm。

3. 做标记

（1）纱向符号、文字标记：标明部位名称、所需数量、净样、毛样等。

（2）对位标记：前片月牙袋位、中裆、脚口、串带等。

（三）样板推档放缩

（1）确定公共线：选定经向为烫迹线，纬向为横裆线作为公共线。

（2）低腰紧身牛仔长裤各推档点与推档数值见表1-4。在毛样的基础上推档，推档图如图1-9所示。

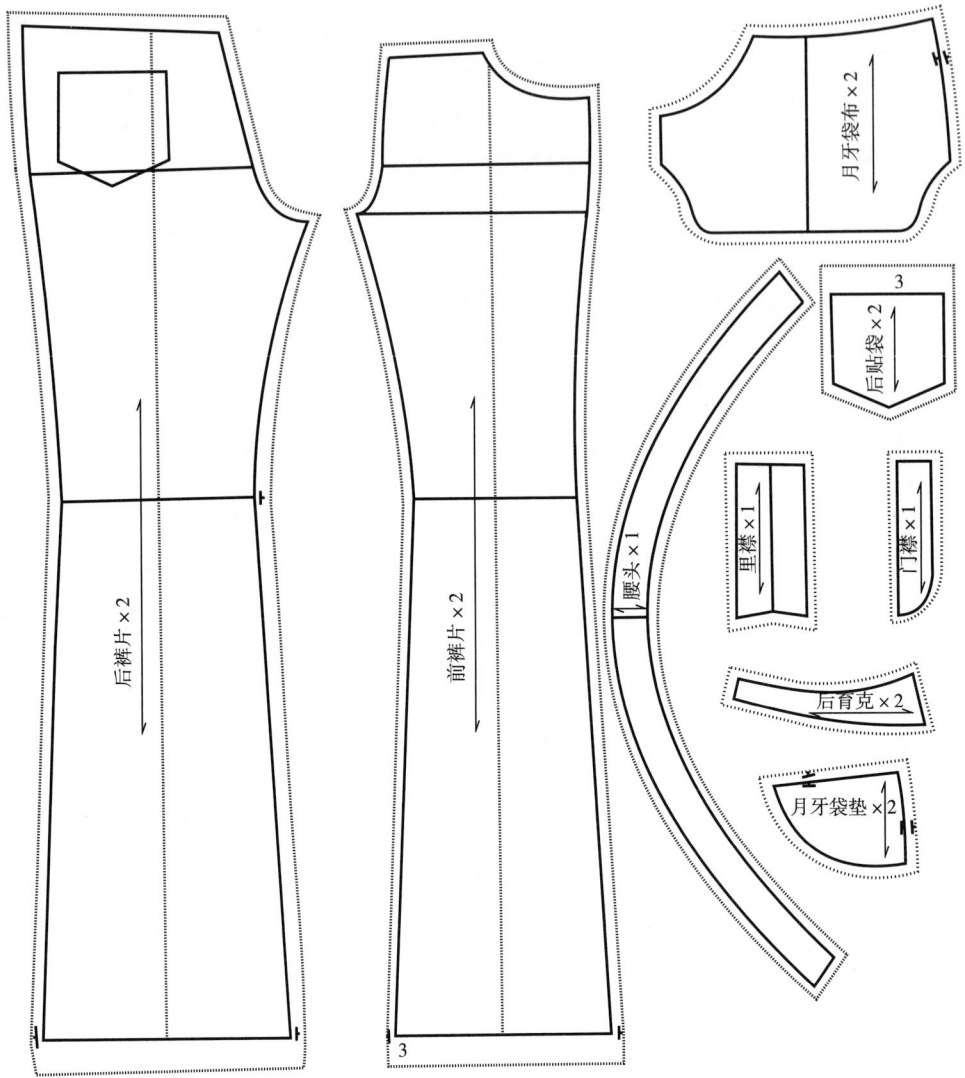

图 1-8　前、后裤片及零部件放缝图

表 1-4　低腰紧身牛仔长裤各部位推档数值　　　　单位：cm

推档点代号	推档方向与推档量		放缩说明
A₁	经向	0.5	根据客户提供实际数据放缩
	纬向	0.5	前片腰围档差为1
A₂	经向	0.5	根据客户提供实际数据放缩
	纬向	0.5	前片腰围档差为1
A₃	经向	0.5	根据客户提供实际数据放缩
	纬向	0.5	后片腰围档差为1

推档点代号	推档方向与推档量		放缩说明
A_4	经向	0.5	根据客户提供实际数据放缩
	纬向	0.5	后片腰围档差为1
B_1	经向	0	坐标基准线上的点，不放缩
	纬向	0.5	横裆前片档差为1
B_2	经向	0	坐标基准线上的点，不放缩
	纬向	0.5	横裆前片档差为1
B_3	经向	0	坐标基准线上的点，不放缩
	纬向	0.5	横裆后片档差为1
B_4	经向	0	坐标基准线上的点，不放缩
	纬向	0.5	横裆后片档差为1
C_1	经向	0.25	裤长档差为1
	纬向	0.25	膝围档差为0.5
C_2	经向	0.25	裤长档差为1
	纬向	0.25	膝围档差为0.5
C_3	经向	0.25	裤长档差为1
	纬向	0.25	膝围档差为0.5
C_4	经向	0.25	裤长档差为1
	纬向	0.25	膝围档差为0.5
D_1	经向	0.5	裤长档差为1
	纬向	0	坐标基准线上的点，不放缩
D_2	经向	0.5	裤长档差为1
	纬向	0	坐标基准线上的点，不放缩
D_3	经向	0.5	裤长档差为1
	纬向	0	坐标基准线上的点，不放缩
D_4	经向	0.5	裤长档差为1
	纬向	0	坐标基准线上的点，不放缩
E	经向	0.5	同 A_2
	纬向	0.5	同 A_2

续表

推档点代号	推档方向与推档量		放缩说明
F	经向	0.5	同 A_2
	纬向	0.5	同 A_2
G	经向	0	坐标基准线上的点，不放缩
	纬向	0.5	同 B_2
H	经向	0	坐标基准线上的点，不放缩
	纬向	0.5	腰围档差为1
I	经向	0	坐标基准线上的点，不放缩
	纬向	0.5	腰围档差为1
J	经向	0	坐标基准线上的点，不放缩
	纬向	0	坐标基准线上的点，不放缩
J_1	经向	0	坐标基准线上的点，不放缩
	纬向	2	1/2腰围的档差为2
J_2	经向	0	坐标基准线上的点，不放缩
	纬向	2	1/2腰围的档差为2
K	经向	0.5	门襟长档差为0.5
	纬向	0	不放缩
L	经向	0.5	里襟长档差同门襟长，为0.5
	纬向	0	不放缩

（3）企业推档需要根据客户提供的尺寸进行，个别码不是均匀推档，也有个别零部件为均码，无须放缩。

（4）推档检查与调整。

①推档系列中，规格与推档部位是否齐全，推档部位是否有遗漏。

②规格、部位档差是否正确，是否符合规格要求。

③推档方向是否正确，是否符合要求。

④推档线条是否顺畅，是否与母板形状吻合。

⑤各缩放点连接是否圆顺、流畅，是否做到量与型的统一。

⑥对不足之处进行及时调整。

（四）服装排料

服装排料又称裁剪方案的制订，是一项技术性较强的工作。主要是将需要裁剪的工业样板进行科学合理的布局，以期达到减少浪费、节约材料的目的。此款选用门幅为144cm的面料进行排料，用料长为155cm。为了节约成本，排料时遵循先大后小、紧密套排、缺口合拼、大小搭配的原则，如图1-10所示。

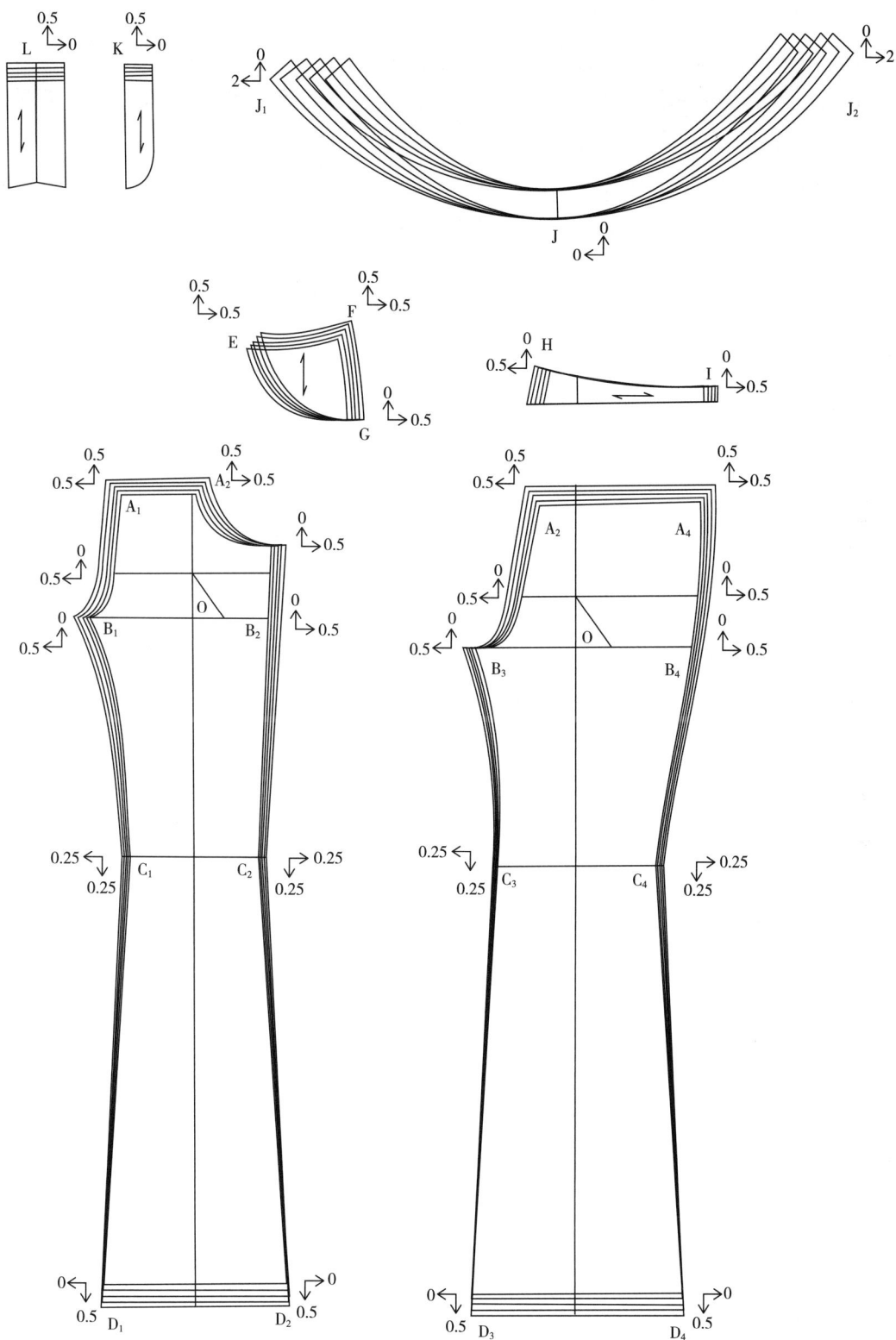

图 1-9　裤片及零部件推档图

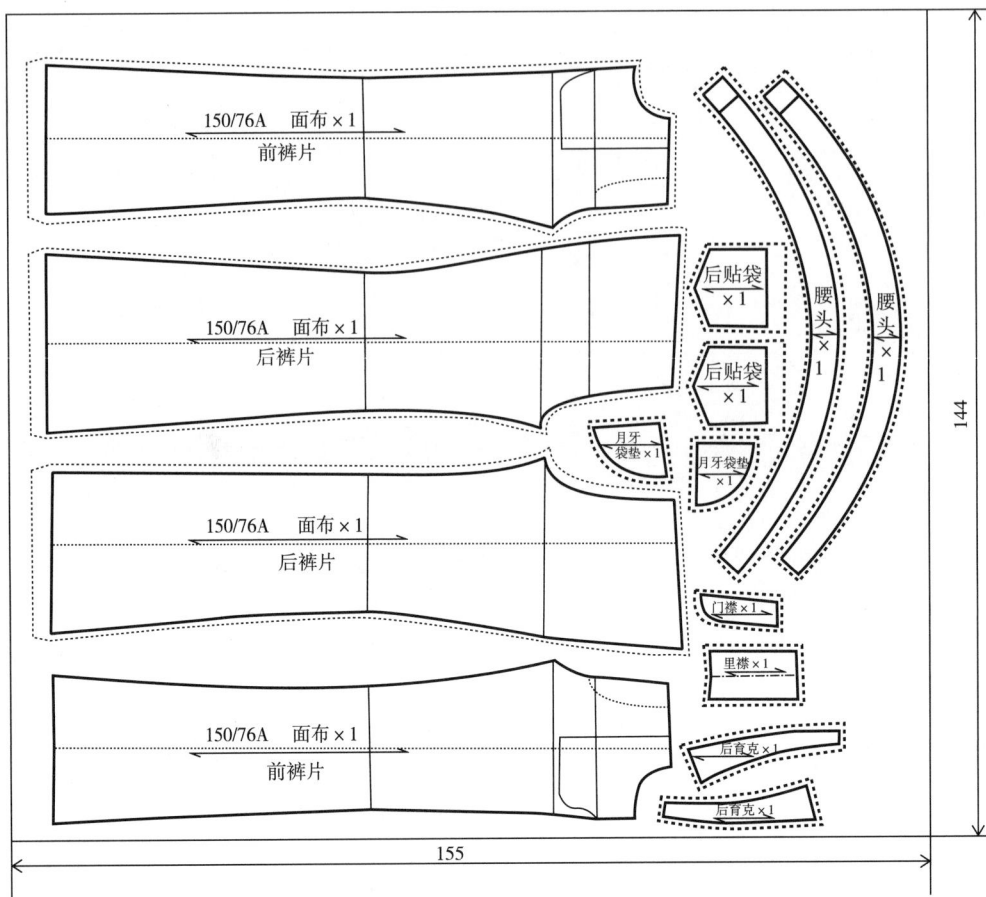

图 1-10　低腰紧身牛仔长裤排料图

　　在设计服装排料方案的时候，不仅有单件排料，有时根据需要进行多个号型的套排，需要根据生产的总数量和各号型的数量进行搭配。若有特定要求，则应该严格按照各号型规格的数量，结合工厂的实际情况，进行各号型生产数量的配置。要注意科学性和合理性兼顾，既要体现出不同的数量特点又要适应裁剪方案的设计。在设计排料方案的时候，需要考虑的因素主要有数量、规格和生产条件。其中最主要的是规格，一般使用两个规格进行搭配比较常见，也会使用两个以上的规格进行搭配，这种排法排板次数少，浪费较少，在企业应用较为广泛。

四、知识链接

（一）服装工业样板制作与推档基础知识

1.服装工业样板制作与推档的作用

　　服装工业样板制作与推档是为服装工业化生产提供一整套合乎款式特点、面料要求、规格数据、成衣工艺要求的用于裁剪、缝制、后整理样板生产的过程，是成衣生产企业有组织、有计划、有步骤、保质保量、顺利进行生产的保证。主要包括初样制作（打制母板）、样板放缝、推档放缩、排料等。

2.服装工业样板制作的方法

服装工业样板制作的方法归纳起来有两大类：平面构成法和立体构成法。在服装工业制板中通常使用平面构成法，而平面构成法又有原型法和比例法等多种制板方法。传统的制板工作是由人工操作完成的，但随着科技的飞速发展，计算机已渗透到服装工业中，计算机辅助纸样设计在国内外已经普及并发展壮大。因此，在此把工业制板分成人工制板和计算机制板两种。

（1）人工制板。人工制板使用的工具是一些简单、直观的常用工具和专用工具，采用的方法有比例法和原型法两种。比例法以成品尺寸为基数，对衣片内在结构的各部位进行直接分配，如衣片的领深和领宽就直接使用领围的成衣尺寸进行计算。此方法方便、快捷，有一定的科学计算依据，对于一些常规、典型、宽松的服装尤为适用。随着人们物质水平和审美水平的提高，对服装的合体度要求越来越高，生产中采用的工艺越来越新颖，服装款式的变化越来越多，使很多企业或个人以原型作为基样，按照款式要求，通过加放或缩减制得所需要的纸样，即原型法，它有一整套转省的理论，对于人体与服装之间的关系研究非常深入，所以该方法在工业制板中常被采用。至于在单裁单做中使用较多的立体裁剪法，因纸样的构成和工业化生产的限制而较少采用。

（2）计算机制板。计算机制板是依靠计算机提供的各种模拟工具在绘图区制出需要的纸样。由于这一过程也是依据人在手工制板中采用的方法辅助实现的，因此被称为计算机辅助设计（Computer Aided Design），简称CAD。业内人士称这种制板法为人机交互式制板法。CAD系统一般包括纸样设计（Pattern Design）、推板和排料三个模块。这三个模块既相互独立又相互联系。相互独立是指这三个模块一般都有各自的操作界面；相互联系是指在一个模块中建立起来的图形或数据信息可被另一模块调用。通过相互联系，可实现从衣片设计到推板和排料、输出全套的工业纸样。

3.常用服装CAD/CAM系统简介

到目前为止，我国服装加工企业和服装院校正在使用的国内外服装CAD系统来自30多家制造厂商，每个系统各有特点。其中，有较大影响的国外公司有美国格柏（Gerber）、法国力克（Lectra）、德国艾斯特（Assyst）等；国内有北京日升天辰电子有限责任公司、北京时尚依科技发展有限公司、深圳盈瑞恒科技有限公司、杭州爱科电脑技术有限公司等。深圳盈瑞恒科技有限公司开发的"富怡服装CAD系统"是国内知名的、开发较早的CAD系统之一，目前已经成为全国服装专业技能大赛的指定软件，其产品特点：打样、推档界面合二为一，工作区纸样可简单排列；纸样绘图位置拥有记忆功能；推好档的纸样可以对任意两个码之间进行1/2或者是1/4的加减码；修改自动联动，对基础号的袖窿和领窝进行修改后，其他号的袖山和领子会随之自动跟着改动。

（二）面料缩率的测试与计算

1. 测试取样

为了面料缩率测试准确，通常将布边去掉，在距面料端部15~20cm处取布样。如果幅宽为90cm，则选取50cm×50cm见方的布样；如果幅宽大于90cm，通常选取100cm×100cm见方的布样，并用色线在面料的四个端点定位。

2. 缩率测试

根据面料性能和款式要求做缩水、热缩测试，测试时要求用蒸气熨烫，温度与压力根据面料的种类和性能选择。熨烫时要求对被测试的面料左右或前后均匀熨烫，顺着丝缕的方向，待受热均匀后，冷却至少12小时或以上，然后测量布样四个定位点之间的长度和宽度，与取样的长度和宽度进行比较，得到经向与纬向的缩率。

$$缩率 = \frac{测试前布样的长度（宽度）-测试后布样的长度（宽度）}{测试前布样的长度（宽度）} \times 100\%$$

客供资料中的尺寸规格表有水洗前尺寸和水洗后尺寸，因为牛仔裤需要水洗，水洗后尺寸会有相应的缩小。制板时需要根据水洗前尺寸进行制板，或根据水洗后尺寸加经纬缩率计算后制板。客户资料中提供的打板依据多为水洗后尺寸，如某长裤的裤长（含腰头）尺寸为107cm，$\frac{腰围}{2}$38cm，经测试其缩水率为经向2%、纬向6%，那么此长裤裤长水洗前尺寸为107cm÷（1-2%）≈109cm，打板时所用的裤长数据即为109cm。而1/2腰围水洗前尺寸则为38cm÷（1-6%）≈40.4cm，那么此款服装打板时1/2腰围数据即为40cm。

（三）低腰紧身牛仔裤的特点

1. 成品裤进行水洗

牛仔裤通常是指用斜纹牛仔面料加工缝制而成的裤子。缝制成品后，进行水洗处理。常见的牛仔面料为深蓝色，采用不同的水洗方法可以获得不同的效果。常用的水洗方式有：轻石磨成靛蓝色、重石磨成浅蓝色、漂洗加石磨成更浅的蓝色等。

2. 牛仔裤典型款式特点

前片两个月牙袋（其中右侧设一个硬币袋），口袋两端各打一个套结或用铆钉固定；门襟使用铜齿拉链，门襟止口缉双线、打套结；后片两个贴袋，后育克两片，后裆缉缝双线，袋口两端各打一个套结或用铆钉固定，裤脚口三卷边缉明线，弧形腰头，钉工字金属扣。

（四）传统紧身型牛仔裤的结构制图要点

（1）上裆较短、腰围线较低，各部位均较贴体，放松量较小。

（2）确定制图规格时，适当降低并放松腰口，收紧臀围，尽量减少臀腰差。

（3）前、后片腰口不设裥和省，省量转至前裤片的袋位处和后裤片的拼接处。处理臀腰差时，裤片两侧撇势较大，腰口应作弧线画顺，四周保持近似直角状。

（4）省、裥转移后，制图时要注意前片腰口尺寸和前、后裤片侧缝线等长。

（5）因为紧身，口袋设计追求造型感，实用性减弱，贴袋较为常见。

五、项目评价

项目评分表对样板制作、规格尺寸、样板放缝、样板排料、样板推档、安全生产给出了评价标准，见表1-5。

表1-5　项目评分表

	项目	标准	评价权重	自评	互评	师评
项目评价	样板制作	对款式分析和客户供资料理解透彻，能根据要求进行制板，裁片各部位顺直匹配 各部位结构关系合理，结构省量分配合理，结构点与结构线分析正确（如对位点与省道、扣眼与扣位，胸围、腰围、臀围、衣长等） 标注规范，必须符合企业生产标准与要求，且清晰、正确、完整。如各部位样板名称及片数、丝缕符号、对位记号、规格、归拔符号、纱向线等 制板线条粗细分明、清晰流畅，图纸整洁	50分			
	规格尺寸	样板尺寸、服装号型与提供的规格表、款式图效果相符 成品规格不超过行业标准的允许公差	10分			
	样板放缝	样片缝份大小设计合理，放缝准确、宽度均匀 缝份转角处理方法正确、圆顺 造型平衡，整体造型与局部形状协调，局部尺寸与衣身结构关系正确	10分			
	样板排料	根据面料门幅，将样板丝缕摆放准确 面料、里料、衬料使用恰当 丝缕正确，排料紧凑，面料使用率高	10分			
	样板推档	依据提供的规格表进行合理推档，档差准确，分配合理，标注各放码点的推档数值 样片、部件完整齐全；纱向、裁片数、对位记号标注准确齐全。线条缩放后不走形，符合款式造型要求 公共线确定合理，各部位档差标注明确	15分			
	安全生产	安全操作，确保人身安全 规范操作，确保设备安全	5分			

项目二　低腰休闲贴袋长裤

一、项目描述

这是一款外贸生产订单服装。请根据款式描述和客户供资料分析，对低腰休闲贴袋长裤进行工业制板，并进行放缝、推档和排料。

二、项目分析

（一）款式描述

此款为低腰休闲贴袋长裤（图1-11），裤腿呈喇叭状，裤长至脚踝。低腰，腰头较宽，前腰头右侧长出一段，端部呈方角形，穿过第一个串带，以腰带扣固定。前中开门襟装拉链，缉双明线。直裆较短，贴体合身，六个串带，上下用套结固定，后中两个串带交叉固定。前片无褶，左右各设有一个方角贴袋，贴袋上斜向装露齿拉链。后片左右各设一个省，缉明线固定，左右各装一个有袋盖的圆角贴袋，贴袋中心处有一个暗褶，袋盖呈圆角，上面有两条竖向装饰线，用纽扣固定。前、后裆缝均缉双明线。

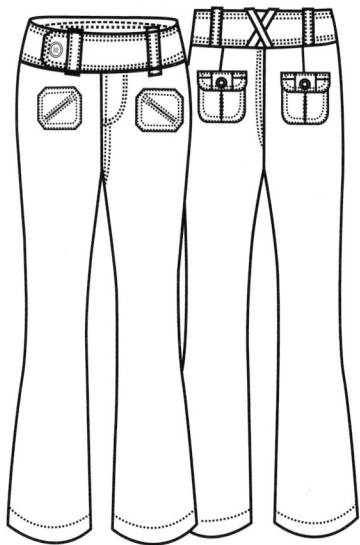

图1-11　低腰休闲贴袋长裤款式图

（二）客户资料分析

由于企业不同或者企业承接的订单不同，客户提供的相应资料也不尽相同。本款裤装生产订单客户供资料包括数量和配色表、辅料表、面料表、成品尺寸表和工艺细节图。这些对于服装制板以及大货加工生产起着指导作用。

1.数量和配色表（表1-6）

表1-6　低腰休闲贴袋长裤数量和配色表

颜色		尺码			
A色	B色	155/62A	160/66A	165/70A	170/74A
藏青	粉红	300	363	363	224
本白	藏青	216	261	261	162
粉红	粉红	0	325	325	0
绿色	绿色	0	200	200	0
总计		3200			

2.辅料表（表1-7）

表1-7　低腰休闲贴袋长裤辅料表

品名	规格	单耗（个）	使用部位
主商标	客供成品	1	后腰头中心，四周缝住
尺寸标	客供成品	1	主标下正中
水洗标	客供成品	1	左前腰
纽扣	28mm	1+1	腰头1+备用
	20mm	2+1	后贴袋2+备用
	20mm	2	内门襟
拉链	5#	2	前贴袋
	4#	1	门襟
面线	$20^s/4$		裤装正面明线
底线	$20^s/2$		裤装缲底线
套结用线	$50^s/3$		串带、门襟、袋口等封结用线

3.材料表（表1-8）

表1-8　低腰休闲贴袋长裤材料表

名称	门幅	用料	使用部位
面料	144cm（58英寸）	123cm	前后裤片、腰头面
配料	144cm（58英寸）	15cm	腰头里
衬	90cm（36英寸）	30cm	腰头、袋盖、门襟

注　缩率：经缩6%，纬缩4%。

4.规格表（表1-9）

表1-9 低腰休闲贴袋衣裤规格表

单位：cm

部位	155/62A	160/66A	165/70A	170/74A	档差
腰围	67.5	71.5	75.5	79.5	4
臀围	86.5	90.5	94.5	98.5	4
前裆长	21	21.5	22	22.5	0.5
后裆长	35.1	35.8	36.5	37.2	0.7
大腿围	54.8	56.8	58.8	60.8	2
$\frac{脚口围}{2}$	23.6	24.2	24.8	25.4	0.6
下裆长	80.25	81	81.75	82.5	0.75
$\frac{膝围}{2}$	20.1	20.6	21.1	21.6	0.5
门襟拉链	8.5	8.5	8.5	8.5	均码
口袋拉链	9	9	9	9	均码

注 缩率：经缩6%，纬缩4%。

5.工艺细节图（图1-12）

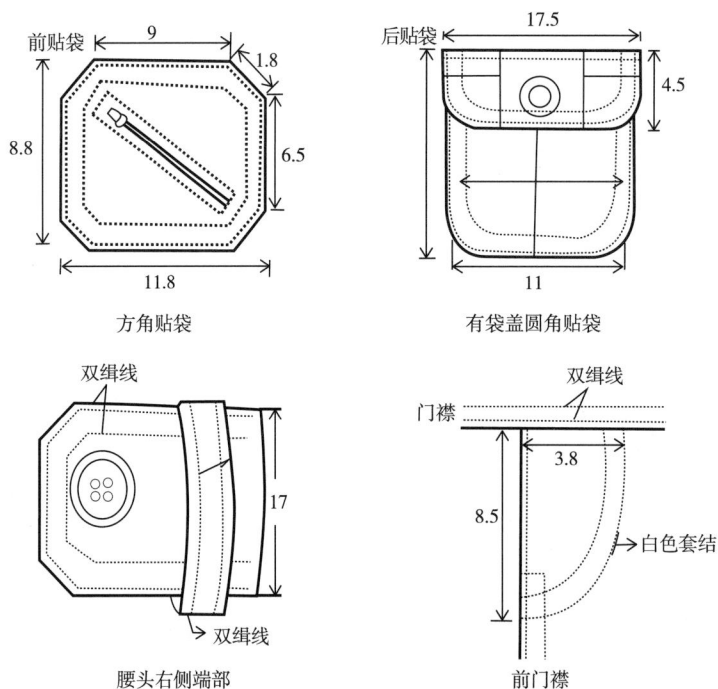

前贴袋 · 9 · 1.8 · 8.8 · 6.5 · 11.8

方角贴袋

后贴袋 · 17.5 · 4.5 · 11

有袋盖圆角贴袋

双缉线 · 17 · 双缉线

腰头右侧端部

双缉线 · 门襟 · 3.8 · 8.5 · 白色套结

前门襟

图1-12 低腰休闲贴袋长裤工艺细节图

三、项目实施

（一）初样制板

选取尺寸规格表中"160/66A"进行初样制板。由于本款裤装客户提供的是成品规格尺寸，为水洗后尺寸，因此在制板时需要用成品规格加经纬缩率进行计算后方能制板（图1-13）。制板步骤同项目一，在此不赘述。

1.前片主要部位制板公式

裤装前片制板，如图1-13所示。

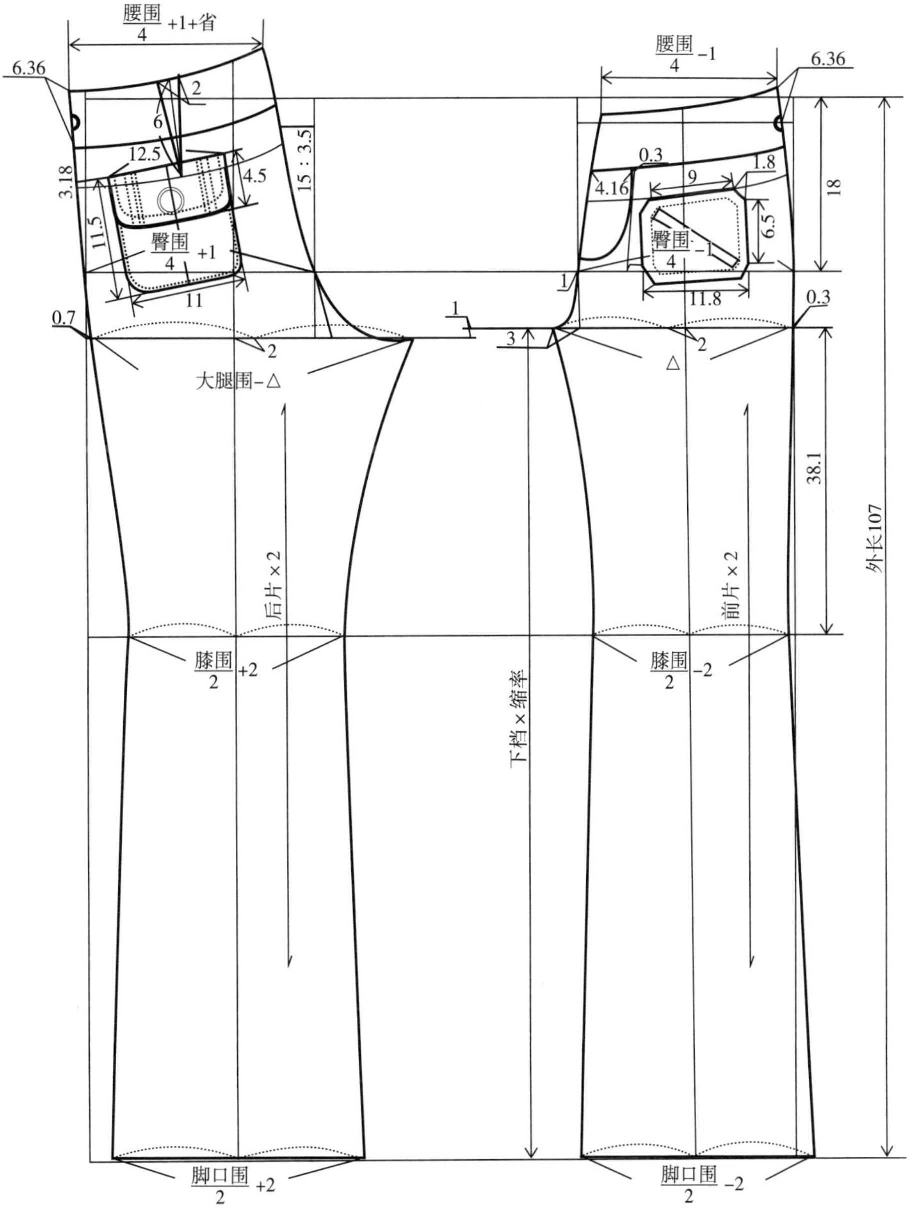

图 1-13 低腰休闲贴袋长裤前后片制板

（1）前腰围：$\dfrac{腰围}{4} \div$（1–4%）–1cm。

（2）前臀围：$\dfrac{臀围}{4} \div$（1–4%）–1cm。

（3）前裆长：前裆长÷（1–6%）。

（4）小裆宽：取3cm。

（5）前脚口大：$\left(\dfrac{脚口围}{2} - 2cm\right) \div$（1–4%）。

（6）前膝围大：$\left(\dfrac{膝围}{2} - 2cm\right) \div$（1–4%）。

（7）门襟长：拉链长+（1.5~2）cm。

（8）里襟长：门襟长+0.5cm。

2. 后片主要部位制板公式

裤后片制板，如图1–13所示。

（1）后腰围：$\dfrac{腰围}{4} \div$（1–4%）+1cm。

（2）后臀围：$\dfrac{臀围}{4} \div$（1–4%）+1cm。

（3）后裆长：后裆长÷（1–6%）。

（4）后脚口大：$\left(\dfrac{脚口围}{2} + 2cm\right) \div$（1–4%）。

（5）后膝围大：$\left(\dfrac{膝围}{2} + 2cm\right) \div$（1–4%）。

3. 零部件制板

工业制板时，零部件多在裤片上直接标出位置，制作时可直接将零部件拷贝出来，不另外制板，如前贴袋、门里襟等。而腰头则需要将后片省缝折叠，与前裤片连接画顺，并将门襟侧的腰头方角绘制出来，后贴袋需要把裥量3cm画出来（图1–14）。

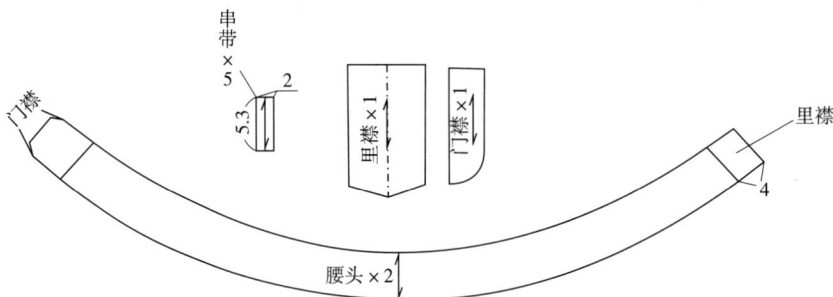

图1–14 低腰休闲贴袋长裤零部件制板

（二）样板确认

1.基础纸样的检查

基础纸样的检查顺序与方法同项目一，重点检查样板片数是否齐全；样板与样衣或款式图是否相符；制板尺寸是否符合规格尺寸、工艺要求；制板细节是否与实物吻合等。

2.样板放缝与排料

低腰休闲贴袋长裤样板的脚口和后贴袋上口留缝份3cm，其余部位放缝0.8~1cm。排料时，根据先大后小、紧密套排、缺口合拼、大小搭配的原则进行（图1-15）。

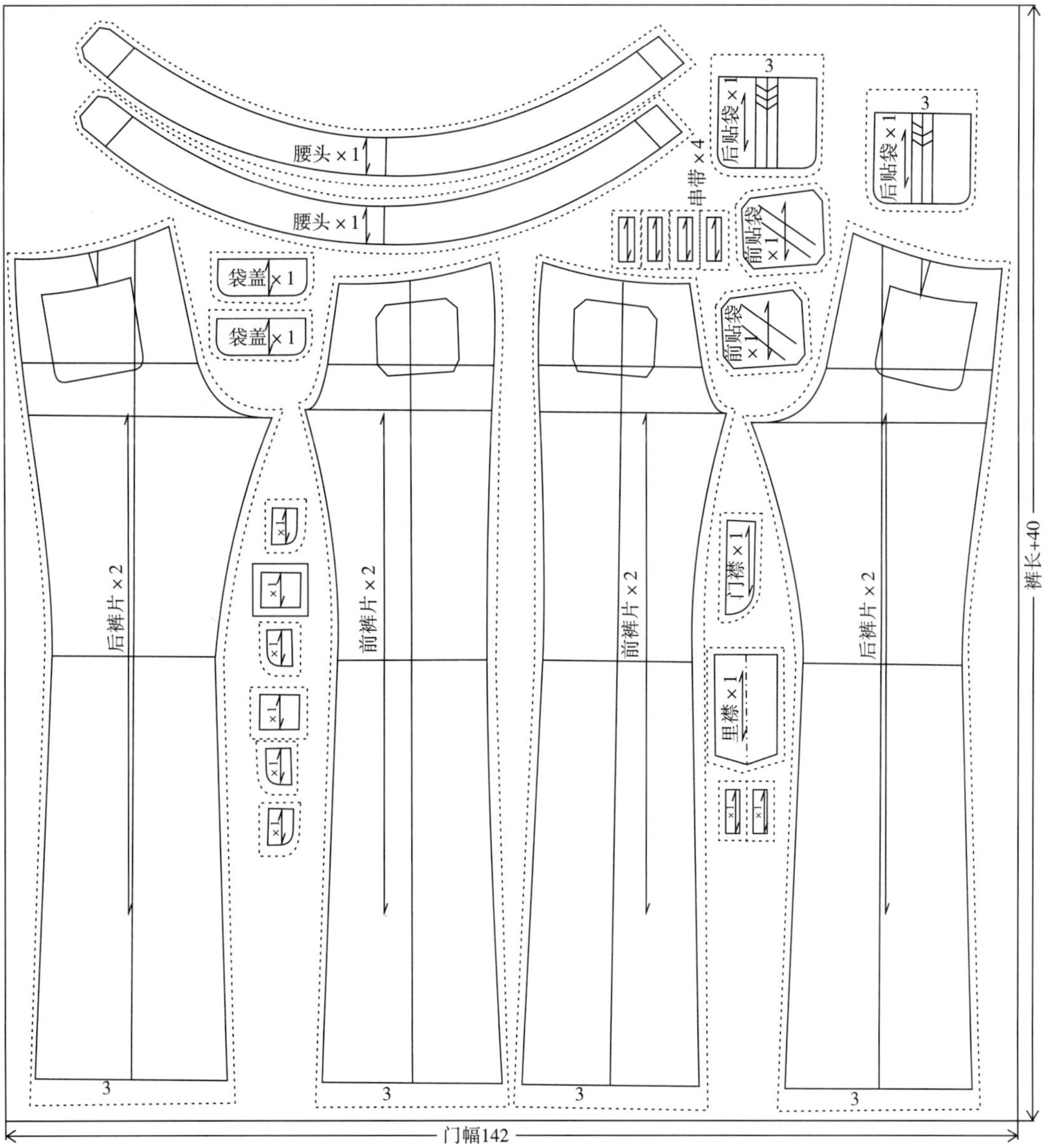

图 1-15　低腰休闲贴袋长裤放缝及排料图

3.做标记

（1）丝缕符号、文字标记：标明部位名称、所需数量、号型、净样、毛样等。

（2）对位标记：前、后片贴袋位置、串带等。

（三）样板推档放缩

参照项目一的具体方法，根据成品尺寸表中各部位的档差，计算并分配各部位的推档数值，运用CAD软件进行工业样板推档（图1-16）。在推档时要按以下要求进行。

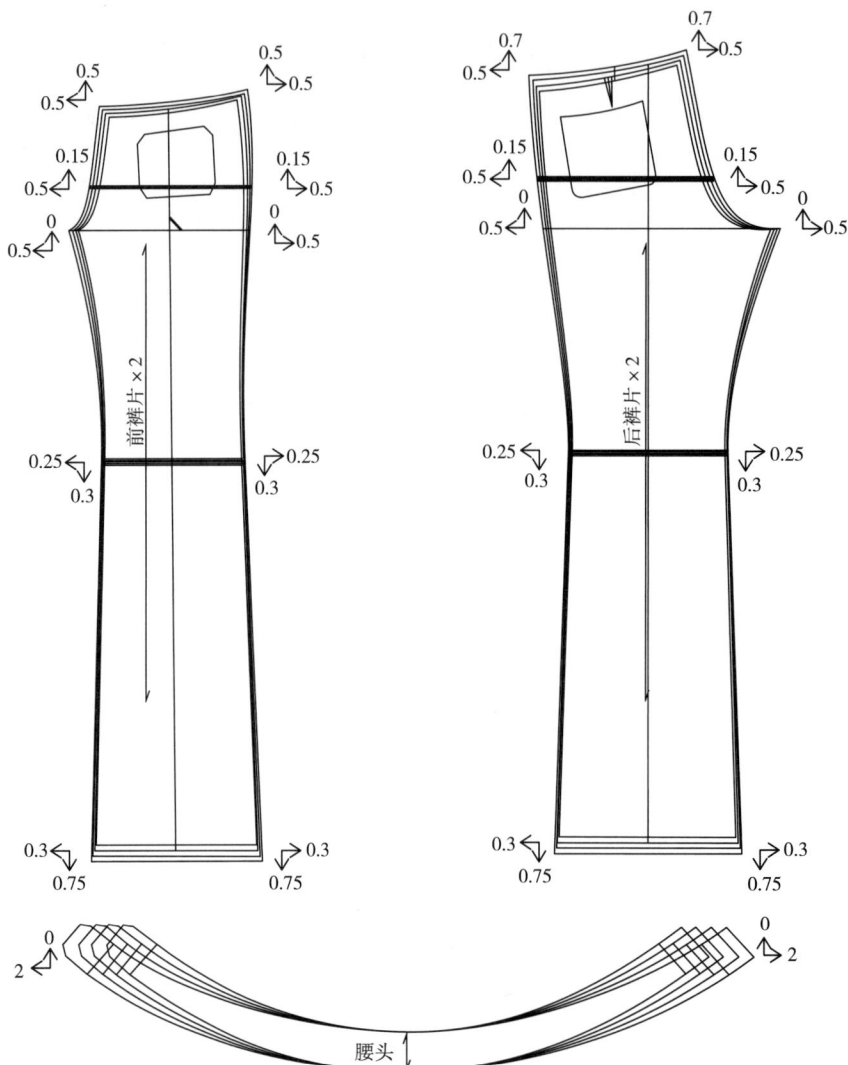

图 1-16　低腰休闲贴袋长裤裤片及零部件推档图

（1）合理选择基准线，可以减少推档过程中的计算量，并使图形清晰明了。本款裤装前、后片选择烫迹线和横档线作为基准线。

（2）推档点的数量要适当，不宜过多或过少。

（3）在缩放样板时，根据各部位的规格档差和分配情况，只能在垂直或水平的方向上取点缩放，而不能在斜线上取点缩放，并且注意取点时的方向。

（4）分配各部位的档差要合理，根据需要缩放，使缩放后的规格系列样板与标准母板的造型、款式相同或相似。

（5）连接各规格推档点时，所画线的粗细一定要与中间号型的线接近，要反复修正连接线的形状，使连接线清晰准确。

四、知识链接

（一）贴袋的类型及特点

口袋是服装造型的重要部件，它既有满足人们生活需要的实用功能，还有很好的装饰功效。口袋若从实用功能角度讲，应该设置在手臂能够轻易够得到的地方；从装饰功能角度讲，可以应用在服装的任何需要装饰和需要填充内容的地方。一般来说，它的构成基本有贴袋、挖袋、插袋、组合袋等类型。

本裤装为贴袋，又称明袋，是指将布料裁剪成一定形状后直接把口袋布附在服装表面，制作简单，款式变化丰富，多采用与裤子相同的面料来制作。有平贴袋、立体贴袋和半立体贴袋三种，袋形可呈四方形、月牙形、椭圆形等。

在贴袋上进行装饰和用不同的方法进行拼接，能设计出不同的口袋，装饰方法有锁扣眼、缉明线、抽褶、装拉链、刺绣、镶边、印花、拼接等。因贴袋附着在服装表面会影响服装的整体风格，因此设计时要与服装整体风格相协调。贴袋的种类和应用特点见表1-10。

表1-10 贴袋的种类及特点

袋型	图示	应用特点
平贴袋		平贴袋在结构上多采用分割手法，装饰多采用印花、刺绣、缉明线、抽细褶等方法
加袋盖贴袋		加袋盖贴袋多采用扣子、搭襻等装饰，既简单大方，又时尚美观

袋型	图示	应用特点
立体贴袋		立体贴袋的设计既要考虑实用功能，又要考虑装饰性，多将口袋的转角设计成圆角，装饰手法有缉明线、加扣襻、装拉链等

（二）英寸的相关知识

在客户资料中我们发现，面料门幅采用的计量单位有时会用英寸。1英寸=2.54cm，12英寸为1英尺，36英寸为1码，英寸的符号为" ″ "。

（三）服装工业样板制作方法和流程

按照成衣工业生产的模式，服装生产企业进行工业制板的方式和流程依据以下三种情况：客户提供样品和订单；客户只提供订单和款式图而没有样品（包括设计师提供的服装设计效果图，正面和背面结构图以及该款服装的补充资料，经过处理和归纳后进行制板）；只有样品没有其他任何参考资料。

1.既有样品又有订单

既有样品又有订单是大多数服装生产企业，尤其是外贸加工企业经常遇到的，由于比较规范，所以供销部门、技术部门、生产部门以及质量检验部门都乐于接受。对此，绘制工业纸样的技术部门必须按照以下流程去实施。

（1）订单分析。订单分析包括面料分析、规格尺寸分析、工艺分析、款式图分析、包装分析等。

（2）样品分析。从样品中了解服装的结构、制作工艺、分割线的位置、小部件的组合、测量尺寸的方法等。

（3）确定中间规格。针对中间规格进行各部位尺寸分析，了解它们之间的相互关系，有的尺寸还要细分，从中发现规律。

（4）确定制板方案。根据款式的特点和订单要求，确定使用比例法还是使用原型法，或使用其他制板方法等。

（5）绘制中间规格的纸样。中间规格纸样有时又称封样纸样，客户或设计人员要对按照这份纸样缝制的服装进行检验并提出修改意见，确保在投产前产品合格。

（6）封样品的裁剪、缝制和后整理。封样品的裁剪、缝制和后整理过程要严格按照纸样大小、纸样说明和工艺要求进行操作。

（7）依据封样意见确定投产用的中间规格纸样。依据封样意见共同分析和研究，从中找出产生问题的原因，进而修改中间规格纸样，最后确定投产用的中间规格纸样。

（8）推档。根据中间规格纸样推导出其他规格的服装工业用样板。

（9）检查全套纸样是否齐全。在裁剪车间，一个品种的批量裁剪少则几十层、多则上百层，而且面料可能存在色差。如果裁片不齐全就开始裁剪，会造成裁剪结束后，再找同样颜色的面料来补裁比较困难，浪费人力、物力，效果也不好。

（10）制订工艺说明书和绘制一定比例的排料图。服装工艺说明书是缝制工艺必须遵循的技术资料，是保证生产顺利进行的必要条件，也是质量检验的标准；而排料图是裁剪车间画样、排料的技术依据，它可以控制面料的耗量，对节约面料、降低成本起着积极的指导作用。

以上十点内容概括了有样品又有订单的服装工业制板的全过程，这仅是广义上服装工业制板的内容，只有不断地实践，丰富知识，积累经验，才能真正掌握其内涵。

2. 只有订单和款式图或只有服装效果图和结构图但没有样品

这种情况增加了服装工业制板的难度，一般常见于比较简单的典型款式，如衬衫、裙子、裤子等。由于没有样品，缺少了实物的参考，要绘制出合格的纸样，需要先制板、封样，由客户确认。根据客户提出的修改意见不断调整板型，直至客户满意为止。这个过程需要积累大量款式相近的服装资料，并在制板调节的过程中不断积累丰富的经验。

3. 仅有样品而无其他任何资料

这种订单多发生在内销产品中。由于目前的服装市场特点为多品种、小批量、短周期、高风险，一些款式新、销售好的服装刚上市，会被某些经营者对产品进行拆分和仿制，短时间内投放市场，而销售价格大大降低。这种不正当的竞争行为扰乱了市场秩序，不可提倡。

五、项目评价

项目评价可参照项目一"项目评价表"进行操作，此处不再赘述。

项目三　休闲长西裤

一、项目描述

这是一款外贸生产订单服装。根据款式描述和客户资料分析，对休闲长西裤进行工业制板，并进行放缝、推档和排料。

二、项目分析

（一）款式描述

此款为外贸休闲长西裤（图1-17），装腰型直腰头，六个串带，前中开门襟装拉链，前裤片左右各有两个反褶裥，并设斜插袋，后裤片左右各收一个省、各设一个单嵌线挖袋，袋口钉纽扣。裤腿略呈锥形，袋口、腰缝、门襟、裆缝均缉明线。

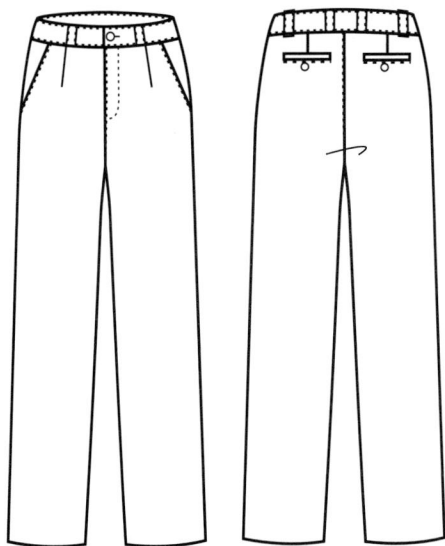

图1-17　休闲长西裤款式图

（二）客户资料分析

1.配料表（表1-11）

表1-11　休闲长西裤配料表

名称	使用部位及规格
大身料	裤片：CVC35# 提花布

续表

名称	使用部位及规格
袋布	袋布：灰色T/C人字卡
拉链	门襟：3号配色拉链
缝线	60^s/3配色
无纺衬	门襟、挖袋、腰头
	30g无纺黏合衬（黑色）
备用纽扣	装在小胶袋中，放在穿着后左口袋里
主商标	穿着后在中线右侧腰头14cm处，四周缉缝
水洗标	穿着后在右后挖袋里夹缝（分尺码）
装饰标	穿着后在右后挖袋中心上0.8cm处，四周缉缝
注意标	重叠在水洗标下，夹缝
纽扣	腰头：1.8cm 1粒 +1粒备纽；后袋：15mm 1粒 +1粒备纽
吊绳	有（穿吊牌用）
品质牌	有
价格牌	分尺码
胶袋	有
纸箱	普通出口双瓦楞纸箱

2. 颜色数量搭配表（表1-12）

表1-12　休闲长西裤颜色和尺码数量搭配表　　　　单位：件

颜色	尺码										
	76	78	80	82	84	86	88	90	92	94	98
灰色	70	70	80	170	130	150	110	30	120	30	40
米色	49	49	56	119	91	105	77	21	84	21	28
藏青	70	70	80	170	130	150	110	30	120	30	40
总计	189	189	216	459	351	405	297	81	324	81	108

注　"尺码"指企业客户订单尺码代号。

3. 成品部位规格表（水洗后）（表1-13）

表1-13　休闲长西裤水洗后成品规格表　　　　单位：cm

部位	规格											档差
	76	78	80	82	84	86	88	90	92	94	98	
腰围	77	79	81	83	85	87	89	91	93	95	99	2
臀围	101.2	102.8	104.4	106	107.6	109.2	110.8	112.4	114	115.6	118.8	1.6

续表

部位	规格											档差
	76	78	80	82	84	86	88	90	92	94	98	
前裆长	26.9	27.2	27.5	27.8	28.1	28.4	28.7	29	29.3	29.6	30.2	0.3
膝围/2	26.6	26.8	27	27.2	27.4	27.6	27.8	28	28.2	28.4	28.8	0.2
脚口围/2	21.4	21.6	21.8	22	22.2	22.4	22.6	22.8	23	23.2	23.6	0.2
前袋口长	16				16.5			17				0.5
下裆长	89				89			89				0
腰头宽	3.7				3.7			3.7				0

4. 样裤尺寸测量及注意事项

（1）样裤测量方法（成品裤装测量法）。

①腰围测量：拉好门襟拉链，扣好纽扣，将裤腰头摊平，沿腰头中线测量，所得数据乘以2，即为腰围成品尺寸。

②直裆长测量：将一侧裤片完全摊平，保持前裆缝弧线形状不变，不可拉长，测量从裤腰上口至裆底十字缝的弧线距离。

③半膝围测量：将裤子侧面放平后，掀开一个裤管，从裆底十字缝向下33cm处横量裤腿的宽度。

④臀围测量：拉好门襟拉链，摊平裤片臀部，在裤前片门襟下水平测量，所得数据乘以2，即为臀围成品尺寸。

⑤下裆长测量：将裤片侧面放平后，掀开一个裤管，从裆底十字缝沿下裆缝量至脚口。

⑥脚口宽测量：将裤子侧面放平后，在脚口处横量。

（2）注意事项。

①前腰头上下要对齐，不能有高低之差；腰头做整腰；裁剪时不要扭曲。

②腰头与大身连接部分的缝头不要太多，要修干净且缝制后不能有起皱现象。

③前袋布底做滚边；尺寸规格要做准，做免烫加工。

④打样：成品规格表中的82码需要打样2件，辅料可用工厂辅料暂代替。

⑤寄样裤时，缝线和衬布等一起提供。

5. 裆部以上正反面工艺细节（图1-18）

为了更好地进行制板和加工生产，客户提供了裤子裆部以上正、反面的工艺细节。成品尺寸表中，76~86码的裤子，需要做6个串带，88~98码的裤子，需要做8个串带。斜插袋袋布的宽度，成品尺寸表中，76~80码取17cm，82~88码取17.5cm，90~98码取18cm。

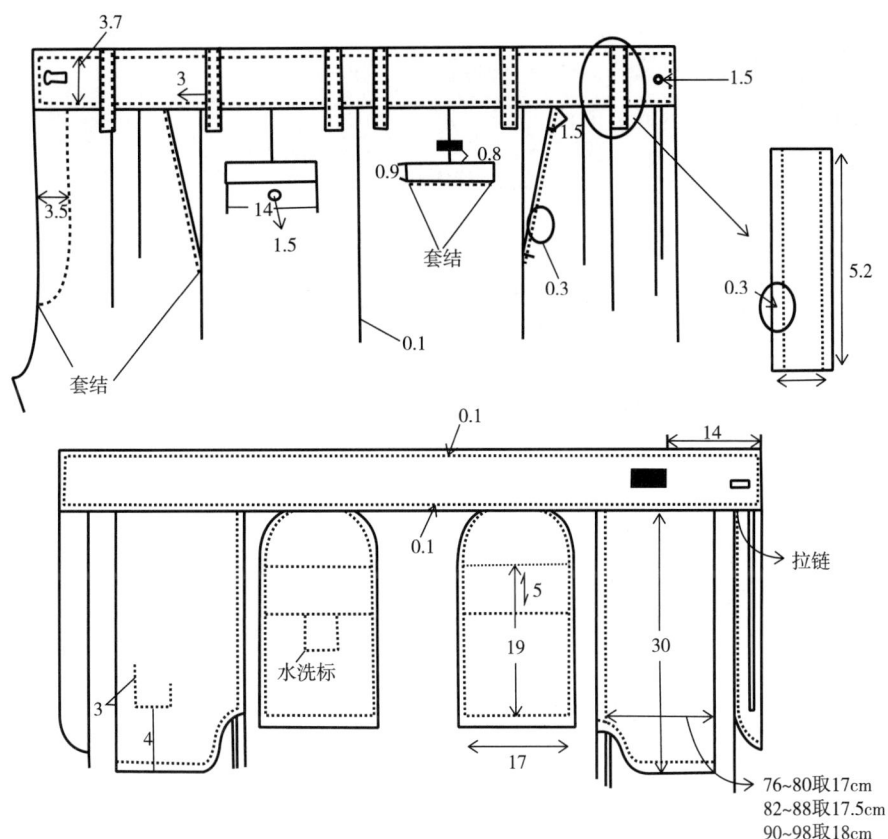

图 1-18　休闲长西裤裆部以上正、反面工艺细节

三、项目实施

（一）初样制板

本款裤装提供样裤和成品规格尺寸，因此制板前先进行面料的经纬缩率测试，然后用成品尺寸加上缩率计算水洗前的规格尺寸。因本款裤装控制部位与常规测量部位不同，裤长尺寸未提供，需要用前裆长加下裆长尺寸进行计算。

1.前片制板公式与要点

裤装前片制板，如图 1-19 所示。

（1）画出横裆线。

（2）前臀围大：$\dfrac{臀围}{4}-1\text{cm}$。

（3）前小裆宽：$\dfrac{臀围}{25}\text{cm}$。

（4）前裆长：按照前裆长尺寸画顺前裆弧线，过横裆线向上量取前裆长-腰头宽定出上平线。

（5）裤长线：从横裆线向下量取下裆长尺寸89cm，定出裤长线（脚口线）。

（6）前腰围大：$\dfrac{腰围}{4}-1\text{cm}+$褶量。

（7）臀围线：上平线至横裆线的下 1/3 处。

（8）烫迹线：横裆大二等分，过中点画线作为烫迹线。

（9）膝围线：横裆线向下量 33cm 处 。

（10）前膝围大：$\dfrac{膝围}{2}-2cm$，以烫迹线两侧平分。

（11）前脚口大：$\dfrac{脚口围}{2}-2cm$，以烫迹线两侧平分。

（12）画顺前片轮廓线，并根据尺寸规格和款式图，画出裥位和口袋位。

2.后片制板公式与要点

裤装后片制板，如图 1-19 所示。

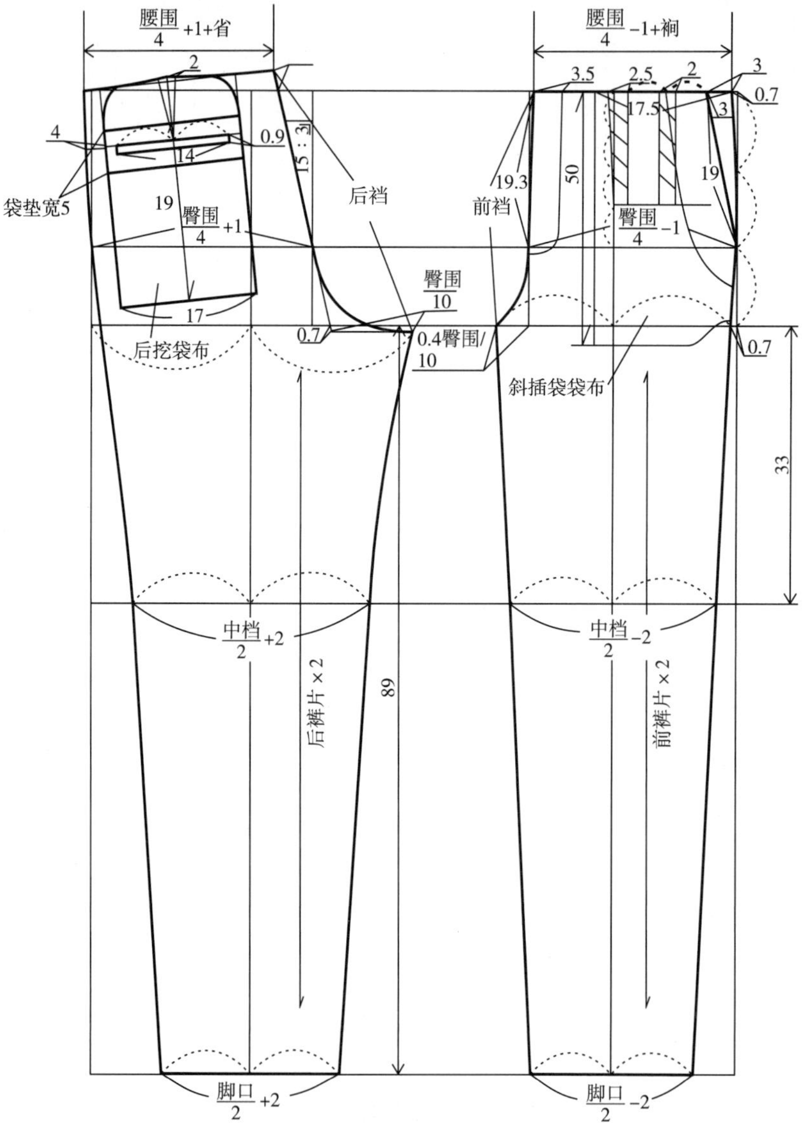

图 1-19　休闲长西裤前、后片制板

（1）后臀围大：$\dfrac{臀围}{4}$+1cm。

（2）后大裆宽：$\dfrac{臀围}{10}$-1cm左右。

（3）后裆斜线比值：15：3（或15：3.5）。

（4）后腰围大：$\dfrac{腰围}{4}$+1cm+省量。

（5）后膝围大：$\dfrac{膝围}{2}$+2cm，以烫迹线两侧平分。

（6）后脚口大：$\dfrac{脚口围}{2}$+2cm，以烫迹线两侧平分。

（7）省位、袋位根据尺寸规格和结构图进行绘制。

3.零部件制板

进行零部件制板时，均以前、后裤片的样板为依据（图1-20）。零部件要打毛样和净样两种样板，净样板作为工艺制作时的基准板。

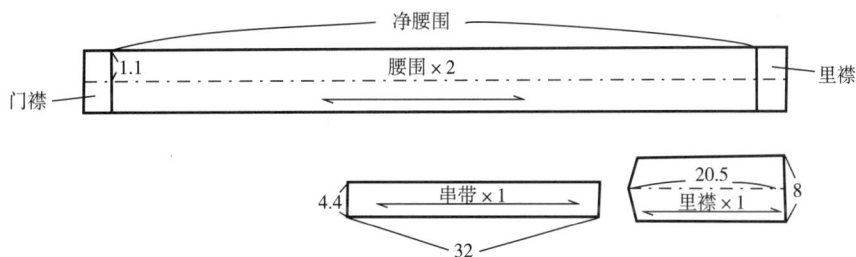

图1-20　休闲长西裤零部件制板

（二）样板确认

1.基础纸样的检查

通过观察和测量，审核样板是否与款式相符，审视结构处理是否合理，如果出现弊病，一般在基准样板上进行调整和修改，然后重新拷贝样板。对于改动较多、较大的样板，需重新制作样板。

2.样板放缝

本款裤装除脚口放缝3cm外，其余部位均放缝1cm。

3.做标记

（1）丝缕符号、文字标记：标明部位名称、所需数量、号型、净样、毛样等。

（2）对位标记：前片斜插袋、后片挖袋、中裆、脚口、串带等。

（三）样板推档放缩

样板推档是服装工业制板的一部分，它是以中间规格标准纸样（或基本纸样）作为基准，兼顾各个规格或号型系列之间的关系，通过计算，正确合理地分配尺寸，绘制出各规格或号型系列的裁剪用纸样的方法，在服装生产企业中通称推档，也称推板、放码或扩号。根据成品尺寸表中的档差计算每个部位的推档数值，图1-21所示的休闲长西裤前、后裤片及零部件是按推档数值绘制的样板图。

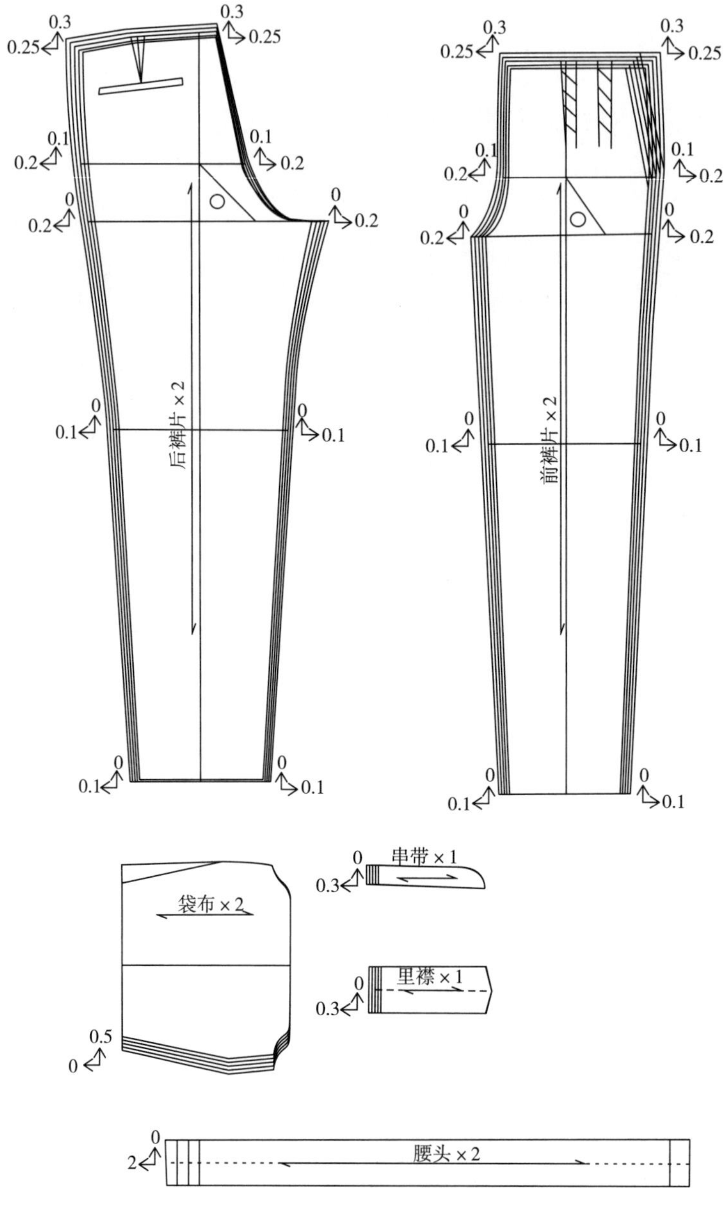

图 1-21 休闲长西裤前、后裤片及零部件推档图

（四）服装排料

将裤装各片利用服装CAD排料系统进行排料（图1-22）。排料时要遵循以下基本原则和规律。

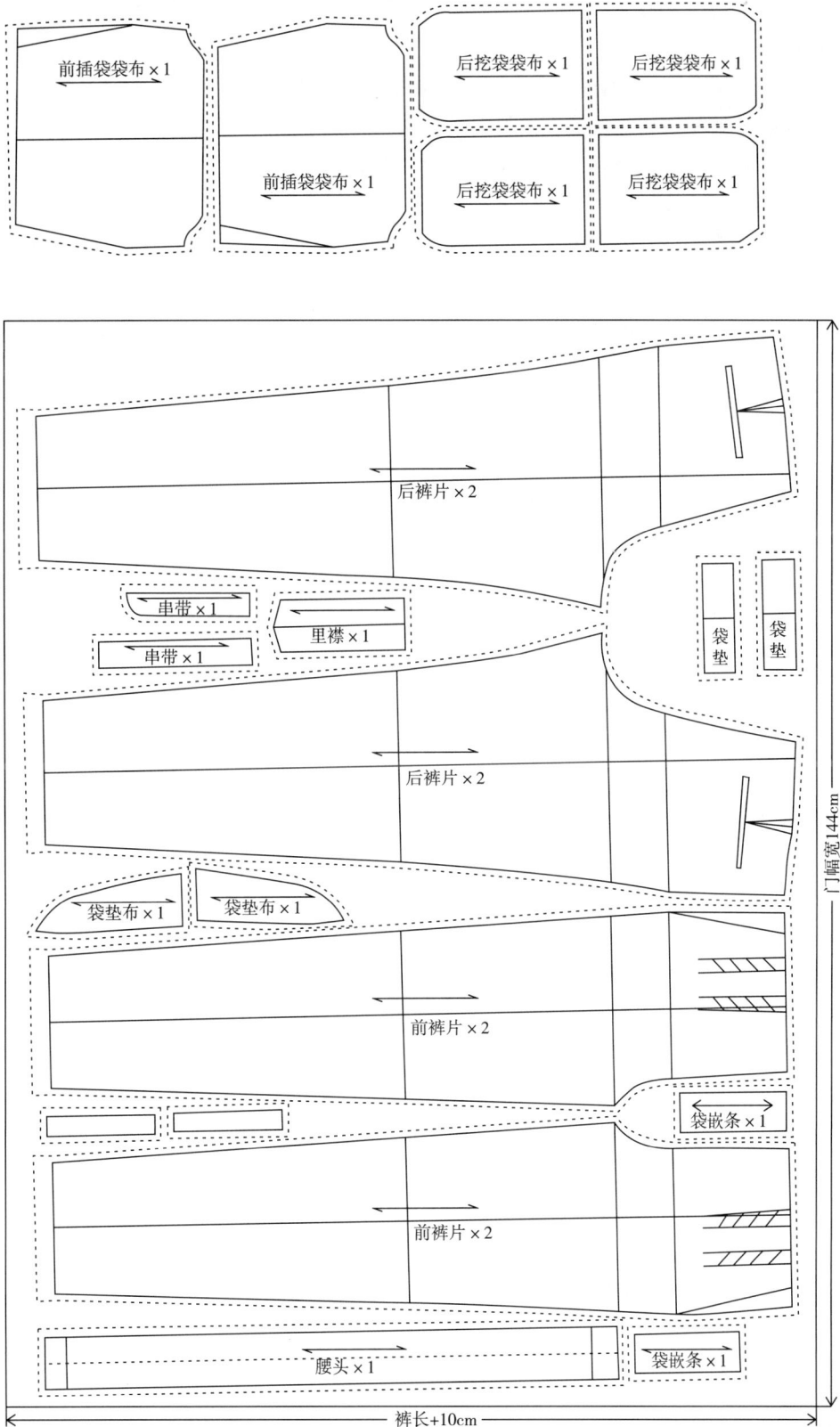

前插袋袋布×1

前插袋袋布×1

后挖袋袋布×1

后挖袋袋布×1

后挖袋袋布×1

后挖袋袋布×1

后裤片×2

串带×1

里襟×1

串带×1

袋垫

袋垫

后裤片×2

袋垫布×1

袋垫布×1

前裤片×2

袋嵌条×1

前裤片×2

腰头×1

袋嵌条×1

门幅宽144cm

裤长+10cm

图 1-22 休闲长西裤单条裤子排料图

1. 服装排料的基本原则

部件齐全、排列紧凑、拼接合理、纱向准确、较少空隙、两端齐口。

2. 服装排料的一般规律

（1）齐边平靠、斜边颠倒。齐边平靠是指样板的平直边尽量相互平齐靠拢或者平贴于面料边缘。两条直边相靠，力求两条直线拼为一条直线更为可靠。斜边颠倒是指有斜边的部件，尽量颠倒其一，使两条斜边顺向一致，两线并拢，减少空隙。

（2）弯弧相交、凹凸互套。弯弧相交、凹凸互套是指样板部件中凡是有内弯或外弧的边缘，或者样板中有明显的内凹、外凸的部位，尽可能使其凹凸互套，减少空隙，提高面料的利用率。

（3）大片定局、空隙填小。大片定局是指每一个排料画样图板，均应使主要部件和大部件按前述方法，大体上两边排齐，两头摆满，形成排料画样的基本格局，然后用小片、零部件填满空隙。需要反复推敲、试排、比较，以取得排料画样的最佳方案和效果。

（4）经短为省、纬满为巧。经短求省是指排料画样时，力求占用的经向布料长度越短越好，这样经向越短越省料。在经短求省的同时，还要考虑使其中的空隙容纳得下小片和零部件。这就要巧设计、巧安排，把纬向的空间填满，这就是"纬满在巧"。合理的排料必须做到经向缩短与纬向填满的统一。

四、知识链接

（一）服装样板推档放缩常用的方法

服装样板推档放缩也叫服装推板，是服装工业制板的一部分。它是以中间规格标准纸样（或基本纸样）作为基准，兼顾各个规格或号型系列之间的关系，通过计算，正确合理地分配尺寸，绘制出各规格或号型系列的裁剪用纸样，在服装生产企业中也称放码、推档或扩号。

采用推板技术不但能很好地把握各规格或号型系列变化的规律，使款型结构一致，而且有利于提高制板的速度和质量，使生产和质量管理更科学、更规范、更容易控制。推档是一项技术性、实践性很强的工作，是计算和经验的结合。在工作中要求细致、合理，质量上要求绘图和制板都应准确无误。

通常，同一种款式的服装有几个规格，这些规格都可以通过制板的方式实现，但单独绘制每一个规格的纸样将造成服装结构的不一致，如牛仔裤前弯袋处的曲线，如果不借助于其他工具，曲线的造型或多或少会有差异；另外，在绘制过程中，由于要反复计算，出错的概率将大大增加。然而，采用推板技术缩放出的几个规格就不易出现差错，因为号型系列推板是以中间号型为基准，兼顾了各个规格或号型系列关系，通过科学的计算而绘制出系列裁剪纸样，这种方法可保证系列规格纸样的相似性、比例性和准确性。服装工业纸样推档通常有两种方法。

1. 推拉叠剪法

推拉叠剪法又称推剪法，一般是先绘制出小规格标准基本纸样，再把需要推档的规格或号型系列纸样依此剪成各规格近似纸样的轮廓，然后将全系列规格纸样大规格在下、小规格（标准纸样）在上，按照各部位规格差数，逐边、逐段地推剪出需要的规格系列纸样。这种方法速度快，适于款型变化快的小批量、多品种的纸样推板，由于需要熟练度较高的技艺，又比较原始，目前已不多用。

2. 推画制图法

推画制图法又称嵌套式制板法，是伴随着数学及技术的普及而发展起来的，是在标准纸样的基础上，根据数学相似形原理和坐标平移的原理，按照各规格和号型系列之间的差数，将全套纸样画在一张样板纸上，再依此拓画并复制出各规格或号型系列纸样，随着推板技术的发展，推画制图法又分为"档差法""等分法"和"射线法"等。

服装工业推档一般使用的是毛缝纸样（也可以使用净纸样）。推荐介绍的推档方法是目前企业常用的档差推画法，使用这种方法有两种方式：

（1）以标准板作为基准，把其余几个规格在同一张纸板上推放出来，然后一个一个地使用滚轮器复制出，最后再校对。

（2）以标准板作为基准，先推放出相邻的一个规格，剪下并与标准板核对，在完全正确的情况下，再以该板为基准，放出更大一号的规格，依此类推（对于缩小的规格，采用的方法与放大的过程一样）。

（二）中档和脚口的差量与裤管造型的关系

裤装中，不同的中档和脚口尺寸的差量直接影响着裤管的造型（表1-14）。根据差量的不同，一般可将裤子分为锥型、直筒型和喇叭型三种。

表1-14　中档和脚口尺寸的差量与裤管造型的关系

差量	中档＞脚口	中档＝脚口	中档＜脚口
裤管造型	锥型	直筒型	喇叭型
常见品种	男、女西裤	男休闲裤	女牛仔裤

（三）成品裤装的测量方法与注意事项

"男、女西裤"国家标准GB/T 2666—2001规定，裤子成品规格确定为裤长和腰围两个控制部位，而原国家标准有五个控制部位：裤长、腰围、臀围、直裆、脚口。由于使用习惯不同，许多企业仍然沿用之前的标准，在根据样衣进行制板的订单中，成品裤装的测量显得尤其重要，因此掌握规范的测量手法和技巧，在极限允差范围内进行测量是掌握有效数据的关键所在（表1-15）。

表1-15 成品裤装测量方法与注意事项

规格名称	测量部位	测量方法		注意事项	极限允差（cm）
裤长	侧缝	裤子侧面放平后，沿侧缝线从腰头上口量至脚口		竖直量取	±1.5
腰围	裤腰	拉好门襟拉链，扣好纽扣（裤钩），将裤腰摊平	直腰：裤子正面放平，沿腰头宽中间横量，所得数据乘以2	—	±1.0
			弧腰：裤子正面放平，测量腰头上口的弧线距离，所得数据乘以2		
臀围	臀围线	拉好门襟拉链，摊平裤片臀部	西裤：裤子正面放平，沿侧缝袋下口处分别横量左、右裤片，所得数据取平均值再乘以4	保持裤片左、右对称，如前、后裤片有借量，也要按借量折叠平服，皮尺与横丝缕平行	±2.0
			休闲裤：裤子正面放平，从门襟套结分别左、右横量（侧缝到前中），所得数据取平均值再乘以4		
			若有指定测量方法，则按要求执行		
直档	腰头至档底	一侧裤片完全摊平，保持前档缝的弧线形状，沿裤片的直丝缕从腰头上口量至档底十字缝的直线距离		不要拉长，以免影响测量尺寸	±0.5
脚口	裤脚口	将裤子侧面放平后，测量裤脚口		—	±0.3
前档长	前档缝	裤子前档缝摆放成直线状，从腰头上口沿前档缝量至档底十字缝		不要拉长，以免影响测量尺寸	±0.5
后档长	后档缝	裤子后档缝摆放成直线状，从腰头上口沿后档缝量至档底十字缝		不要拉长，以免影响测量尺寸	±0.5
下档长	下档缝	裤子侧面放平后，掀起一条裤腿，从档底十字缝沿下档缝量至脚口		—	±1.0
横档	裤腿	裤子侧面放平后，掀起一条裤腿，测量档底十字缝处裤腿的宽度（若有指定测量方法，则按要求执行）		皮尺与下档缝保持垂直	±1.0

（四）男西裤裁剪对条对格的要求（表1-16）

男、女西裤对于对条对格的规定，如表1-16所示。

表1-16 西裤对条对格规定

部位	对条对格规定
侧缝	侧缝袋口下10cm处格料对横，互差不大于0.3cm
前、后档缝	条格对称，格料对横，互差不大于0.3cm
袋盖与大身	条料对条，格料对横，互差不大于0.3cm

五、项目评价

项目评分表同项目一。

职业技能鉴定指导

一、单项选择

1.服装工业制板的方法归纳起来有（　　）。

A.原型法、比例法 　　　　　　　　　B.平面构成法、立体构成法

C.人工操作法、计算机辅助法 　　　　D.基型法、衣型法

2.厘米与英寸换算时，1英寸等于（　　）厘米。

A.3.33 　　　　B.2.54 　　　　C.0.94 　　　　D.3

3.贴袋一般分为（　　）。

A.平贴袋、立体袋、半立体袋 　　　　B.双嵌线袋、单嵌线袋

C.明缉线袋、暗缉线袋 　　　　　　　D.手巾袋、挖袋

4.服装工艺文件的编制必须具备（　　）。

A.完整性、准确性 　　　　　　　　　B.实用性、准确性

C.可操作性、完整性 　　　　　　　　D.完整性、准确性、实用性、可操作性

5.衣长的测量一般有（　　）。

A.从领窝与肩缝相连处量至下衣边

B.把前、后衣片相互借平后从肩缝顶端量至下衣边

C.从后领中缝处量至下摆边

D.以上三种方法均可

6.服装工业制板中平面构成法主要包括（　　）。

A.原型法 　　　　　　　　　　　　　B.基型法

C.原型法、比例法 　　　　　　　　　D.计算机辅助法

7.人工制板法中的比例法制板时以（　　）为基数。

A.成品尺寸 　　　　　　　　　　　　B.款式图

C.人体号型 　　　　　　　　　　　　D.效果图

8.CAD系统一般包括（　　）。

A.纸样设计 　　　　　　　　　　　　B.推板

C.排料 　　　　　　　　　　　　　　D.综上所述

9.在裤装中，不同的中档和脚口的差量直接影响着裤腿的造型，根据差量的不同，一般可将裤子分为（　　）。

A.锥型 　　　　　　　　　　　　　　B.直筒型

C.喇叭型 　　　　　　　　　　　　　D.综上所述

10.服装排料的基本原则是（　　　）。

A.部件齐全、排列紧凑、拼接合理、纱向准确、较少空隙、两端齐口

B.齐边平靠、斜边颠倒

C.弯弧相交、凹凸互套

D.大片定局、空档填小、经短为省、纬满为巧

二、判断题

1.服装工业制板主要包括：初样制板（打母版）、样板放缝、推档放缩、排料以及工艺文件编制。（　　　）

2.计算机制板法使用的工具是一些简单、直观的常用工具和专用工具，采用的方法有比例法和原型法两种。（　　　）

3.缩率计算方法是：$缩率 = \dfrac{测试前布样的长度（宽度）- 测试后布样的长度（宽度）}{测试前布样的长度（宽度）} \times 100\%$。（　　　）

4.牛仔裤需要水洗，水洗后尺寸会有相应的缩小，一般面料的缩率都是相同的。（　　　）

5.服装制板尺寸一般以人体净体尺寸为依据，不需要考虑运动因素。（　　　）

6.工厂术语与教材常用名称一般有所不同，如教材中前裆弧长工厂术语一般叫前浪。（　　　）

7.测试取样如幅宽为90cm，一般从布边开始量取50cm×50cm见方的布样，如幅宽大于90cm，通常选取100cm×100cm见方的布样，并用色线在面料的四个端点定位。（　　　）

8.缩率测试时根据面料性能和款式要求一般分为冷缩和热缩两种。（　　　）

9.初样制板一般以最小号型进行初样制板。（　　　）

10.服装工业纸样推板通常有推拉撂剪法和推画制图法两种方法。（　　　）

三、计算、操作题

1.已知某长裤水洗后的裤长（含腰头）尺寸为107cm，半腰围38cm，经测试其缩率为经向2%、纬向6%，则其长裤水洗前裤长、腰围分别为多少cm？（结果保留1位小数）

2.已知下列休闲牛仔喇叭裤，整体廓型呈X型，贴体合身。中腰设计，前片无省、无褶，一字线挖袋，缉明线装饰。后片有育克，两个贴袋，整体设计简洁大方。采用全棉牛仔面料制作，经缩为3%、纬缩为2%，请根据提供的成品尺寸表（表1-17）和款式图（图1-23），对休闲牛仔喇叭裤进行工业样板制作，要求结构合理，部件齐全，线条流畅。

表1-17　成品尺寸表　　　　　　　　　　　　　　　单位：cm

部位	裤长	腰围	臀围	上裆	脚口围	腰头宽
规格	102	68	90	23	50	3

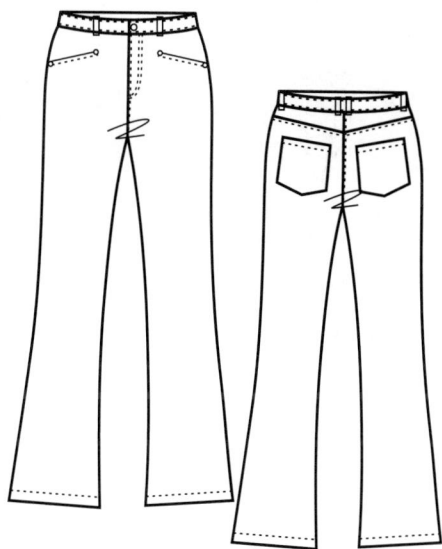

图 1-23 休闲牛仔喇叭裤款式图

参考答案

一、选择题

1.B　2.B　3.A　4.D　5.D　6.C　7.A　8.D　9.D　10.A

二、判断题

1.√　2.×　3.√　4.×　5.×　6.√　7.×　8.√　9.×　10.√

三、计算、操作题

1. 裤长水洗前：107÷（1-2%）=107÷0.98 ≈ 109.2（cm）

腰围水洗前：38÷（1-6%）=38÷0.94 ≈ 40.4（cm）

2. 操作题：提示：先根据缩率，将裤子的成品规格进行处理，得到制板规格，具体算法如下：

裤长：102÷（1-3%）≈ 105.2（cm）

腰围：68÷（1-2%）+工艺损耗 ≈ 70（cm）

臀围：90÷（1-2%）+工艺损耗 ≈ 92（cm）

上裆：23÷（1-3%）+工艺损耗 ≈ 24（cm）

脚口：50÷（1-2%）≈ 51（cm）

$$\frac{腰围}{4}+省$$

2.5

3

3

5

7

3

1

$$\frac{腰围}{4}+省$$

5

12.5

●+2.5

1.5

$$\frac{臀围}{4}$$

$$\frac{臀围}{4}$$

●

$$\frac{臀围}{10}-0.5$$

0.5

$$\frac{臀围}{20}$$

后片

前片

5

$$\frac{脚口围}{2}+2$$

$$\frac{脚口围}{2}-2$$

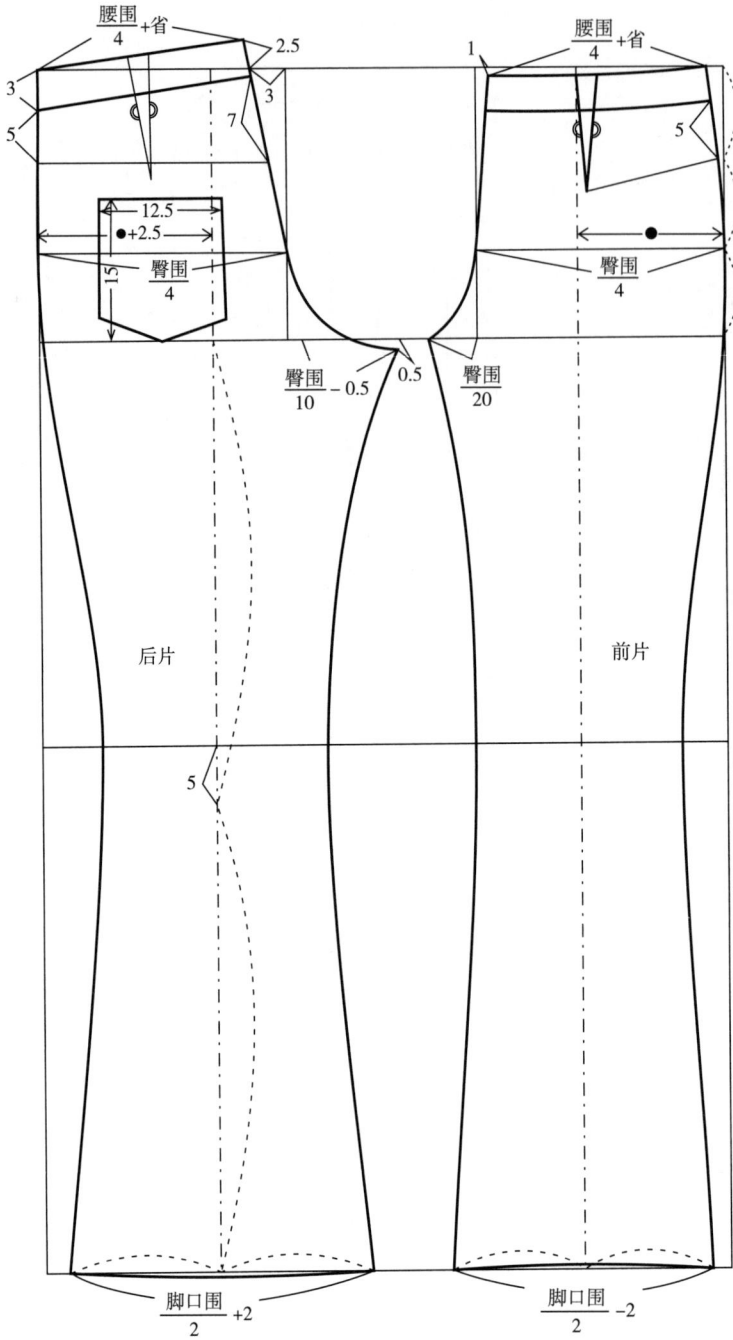

休闲喇叭裤制板

模块二

女装工业样板制作与推档

知识目标

1. 学习女上衣相关基础知识。
2. 学习省道转移的原理及方法。
3. 学习新原型制图方法。
4. 学习分割线的种类及应用。
5. 学习常用领和袖的结构设计方法。

技能目标

1. 掌握胸省转换的原理及方法，并能举一反三。
2. 掌握服装连省成缝的方法及应用。
3. 能对常用的领型和袖型进行制板。
4. 能根据服装款式图分析和描述服装的款式特点。
5. 能根据款式图和客户资料，对服装进行工业制板、推档和排料。

模块导读

本模块取材于不同企业的外贸订单，由于每家企业对应的客户不同，所提供的客供资料也具有不同的企业特色。本模块选取立翻领短袖合体女衬衫、连身立领哥特袖合体女上衣和双排扣无领花苞袖女上衣三款具有代表性的上衣进行展开讲解和训练，从短袖、到哥特袖、再到花苞袖，从夏装、到有夹里的女上衣，从无领、到翻立领、再到连身立领，每款服装各具特色。按照项目描述、项目分析、项目实施、知识链接和项目评价的过程，对服装工业制板从款式描述、初样制板、样板确认、样板推档放缩、服装排料等完整流程进行详细讲解，期间融入胸省转换、连省成缝、领和袖的款式变化等，使学生能够灵活学习，举一反三，系统掌握本模块知识。

项目一　立翻领短袖合体女衬衫

一、项目描述

这是一款外贸生产订单服装。根据款式描述和客户资料分析，对立翻领短袖合体女衬衫进行工业制板，并进行放缝、推档和排料。

二、项目分析

（一）款式描述

此款为立翻领短袖合体女衬衫（图2-1），前片采用V字形外翻门襟，前片领口处装饰荷叶边，四粒扣。前腰省至衣片底部，前片腰节在腰省至侧缝处断开，腰节下开一字嵌线假袋。后片背中线至底边，通肩省分割线至底边。袖子采用一片袖短袖结构，立翻领，圆领角。

图2-1　立翻领短袖合体女衬衫款式图

（二）客户资料分析

本款女衬衫客户提供了系列规格表、缝制工艺要求和工艺细节图，为服装制板和工艺制作明确了细节标准。

1.规格表（表2-1）

表2-1 立翻领短袖合体女衬衫系列规格表（5.4系列） 单位：cm

部位	尺码			档差
	155/80A（S）	160/84A（M）	165/88A（L）	
前衣长	56	58	60	2
背长	36	37	38	1
胸围	88	92	96	4
腰围	70	74	78	4
肩宽	37	38	39	1
袖长	21.5	23	24.5	1.5
袖口	13.5	14	14.5	0.5

2.缝制工艺要求及零部件说明

（1）缝制针距14~15针/3cm。

（2）领子：立翻领，圆领角，平领头，领座后中线宽3cm，领座前宽3cm，翻领后中线宽4cm，翻领前宽5cm；领面、领座的止口缉0.15cm明线。

（3）袖子：圆装短袖，袖口缉1.5cm明线。

（4）前衣片：弧形分割线至腰节，前胸腰省至衣片底部，门襟宽2.5cm，缉0.15cm明线，底边缉1.5cm明线，门襟钉4粒纽扣。

（5）口袋：一字嵌线假袋，四周缉0.15cm明线，袋牙宽0.8cm。

（6）后衣片：背中线至底边，背中缝包边0.7cm，背部两侧公主线内包缝，缉0.5cm明线，底边缉1.5cm线。

（7）缝型要求：侧缝、肩缝来去缝，袖窿滚边。

3.缝制工艺细节图示（图2-2）

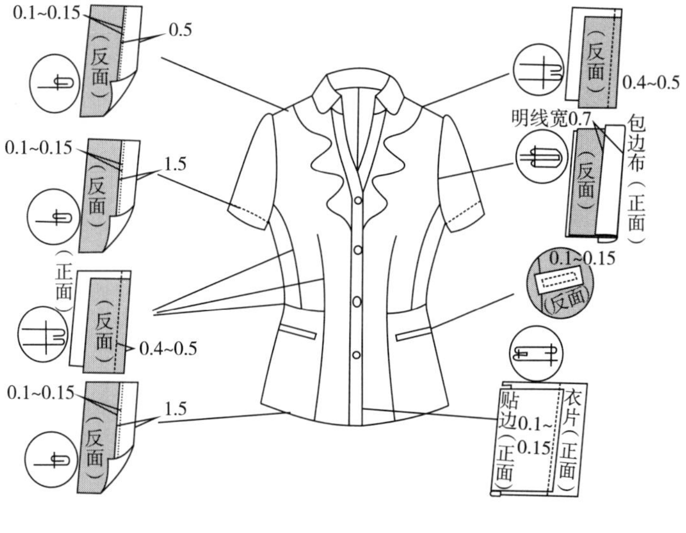

图2-2

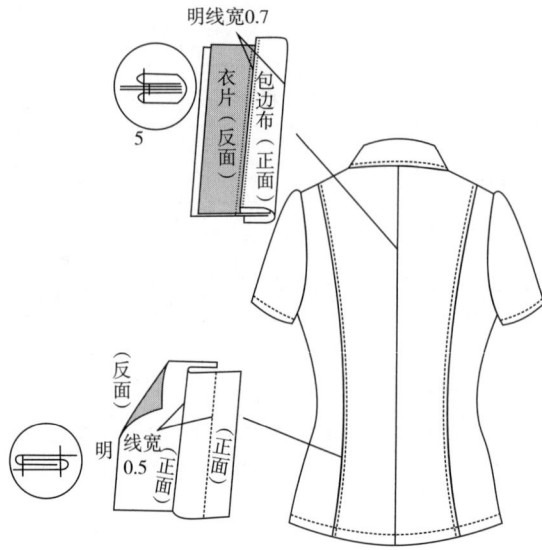

图 2-2　立翻领短袖合体女衬衫缝制工艺细节图

三、项目实施

（一）初样制板

1.原型制板

立翻领短袖合体女衬衫衣片原型结构如图2-3所示。

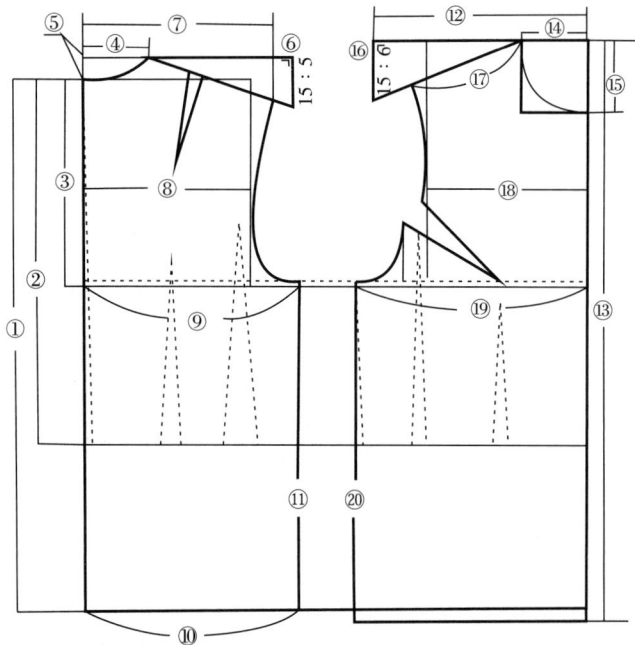

图 2-3　立翻领短袖合体女衬衫衣片原型制板

（1）后片原型制图步骤：①后中长→②后腰节→③后领中点至胸围→④后领宽线→⑤后领深线→⑥后肩斜→⑦后肩宽$\left(\dfrac{\text{肩宽}}{2}\right)$→⑧后背宽→⑨后胸围大→⑩后下摆→⑪后侧缝。

（2）前片原型制图步骤：⑫上平线→⑬前中长→⑭前领宽线→⑮前领深线→⑯前肩斜→⑰前小肩宽→⑱前胸宽→⑲前胸围大→⑳前侧缝。

2.后衣片制板公式与要点

立翻领短袖合体女衬衫前、后衣片制板如图2-4所示。本款衬衫成品尺寸表未加面辅料的经纬缩率，考虑到面料的性能特点，制板时可经向加放2%~4%的缩率，纬向加放2%的缩率，也可直接在衣长加放1cm，袖长加放0.7cm，胸围加放2cm。

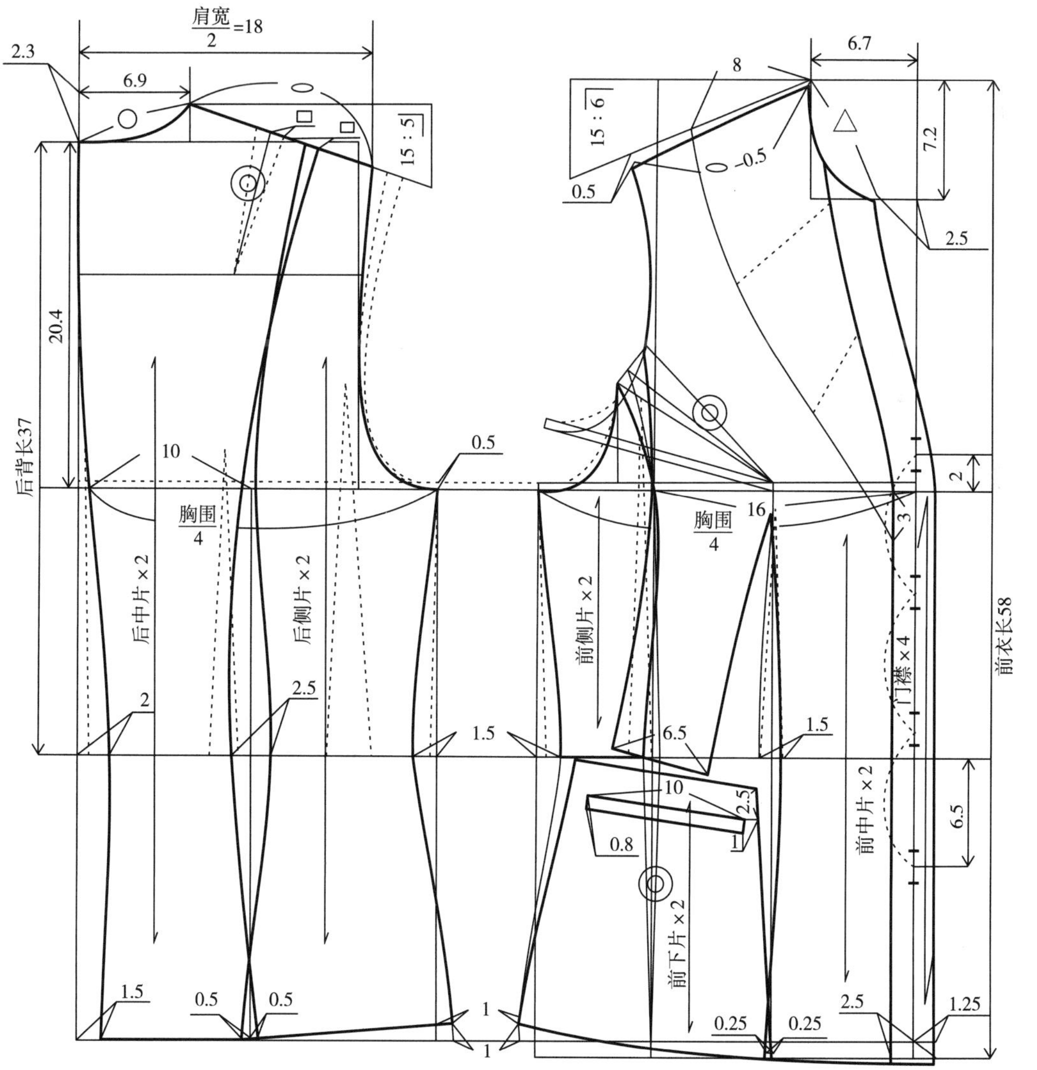

图2-4 立翻领短袖合体女衬衫前后衣片制板

（1）后中线长：后中长为规格尺寸55.1cm（58cm-前后差0.6cm-后直开领2.3cm）。

（2）后背长（后腰节）：后点至腰节37cm。

（3）胸围线：从后颈点向下量20.4cm，画出胸围线。

（4）后领宽线：由后颈点向右量6.9cm定点，过此点作后中线的平行线。

（5）后领深线：由后颈点向上量2.3cm定点。

（6）后肩斜线：从后领宽点按15：5的比值确定肩斜度。

（7）后肩宽：从后颈点向右水平量$\dfrac{肩宽}{2}$，与后肩斜线相交。

（8）后背宽线：从肩端点向左量1.5cm定点，过该点垂直向下至胸围线。

（9）后胸围：从后中线向右与胸围线相交点向右量$\dfrac{胸围}{4}$定点，过该点作下平线的垂线。

（10）公主线：将后肩线三等分，过靠近肩端点的三分之一处定分割线。

（11）收省：肩省大为$\dfrac{原型省}{2}$。

3. 前衣片制板公式与要点

（1）作上平线，前衣长58cm。

（2）前中线：垂直于上平线和衣长线重合。

（3）前领宽线：由前中线向左量6.7cm定点，过该点作前中线的平行线。

（4）前领深线：由上平线向下量7.2cm定点，过该点作上平线的平行线。

（5）前肩斜线：从前领宽点按15：6的比值确定肩斜度。

（6）前肩长：在前肩斜线上量取后肩长-0.5cm。

（7）前胸宽：从前肩端点向右量2.5cm定点，过该点垂直向下至胸围线。

（8）前胸围大：前中线与胸围线的交点向左量$\dfrac{胸围}{4}$定点，过该点作下平线的垂线。

（9）侧缝线：由胸围宽点垂直于下平线画线，腰节线向内收1.5cm，下摆放出1cm，起翘1cm。

（10）门襟：由前中心线向右量取1.25cm搭门宽。

（11）在前胸宽线附近定点（根据款式分割比例），作刀背分割线至腰节；前胸腰省至衣片底部。

（12）口袋定位：在腰围线下2.5cm定点，作口袋位置，袋宽为0.8cm。

（13）纽扣定位：第一粒纽扣位于胸围线上2cm，最后一粒纽扣位于腰围线下6.5cm，然后均分，确定中间两粒扣的位置，也可按款式而定。

4. 袖片制板公式与要点

立翻领短袖合体女衬衫袖片制板如图2-5所示。

（1）复制出前后袖窿，作为袖子基本原型。

（2）袖山高15cm，袖长23cm。

（3）量取前、后袖窿线长度，作袖山斜线，确定后AH和前AH。

（4）将后袖山斜线三等分，前袖山斜线二等分。

（5）在后袖山斜线下三分之一等分处与前袖山斜线等分下量1cm处作交点，画袖山弧线。

（6）袖山顶点向前偏0.8cm。

（7）按一片袖基本原型，往前偏1.8cm，作袖底缝线。

（8）画出袖口大。

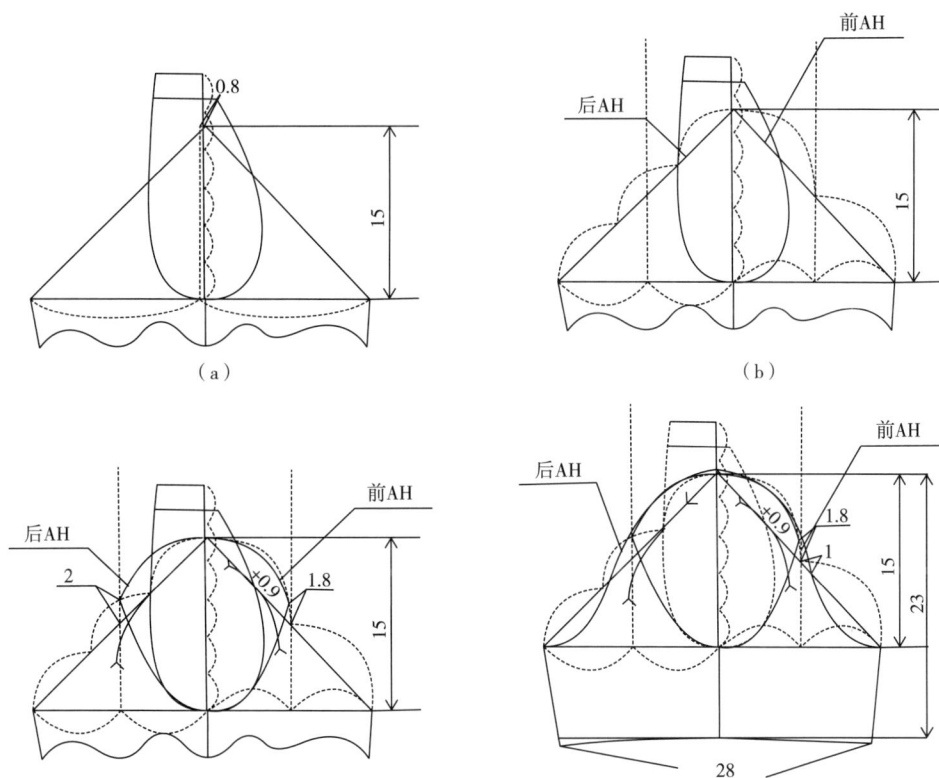

图2-5　立翻领短袖合体女衬衫袖片制板

5.领子制板公式与要点

（1）领子制板如图2-6所示。

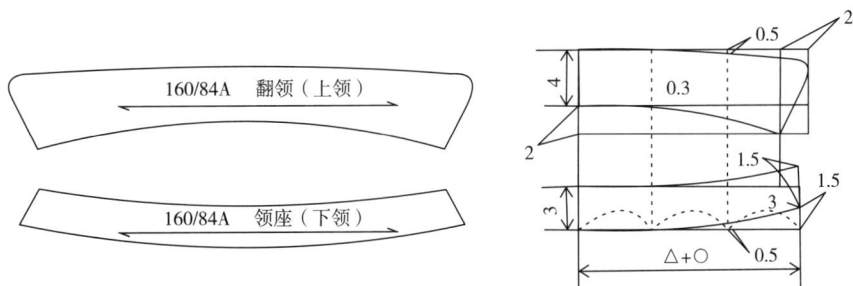

图2-6　立翻领短袖合体女衬衫领子制板

（2）荷叶边展开如图2-7所示。

（二）初板确认

1. 样板调整

将前、后片肩缝对齐，将领圈和袖窿弧线修顺，如图2-8所示。

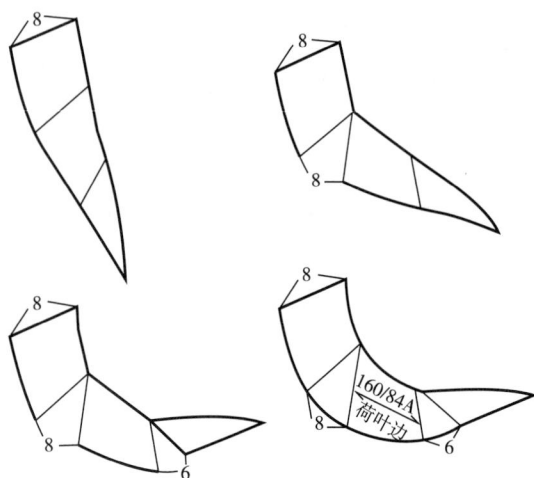

图2-7 立翻领短袖合体女衬衫领子荷叶边制板

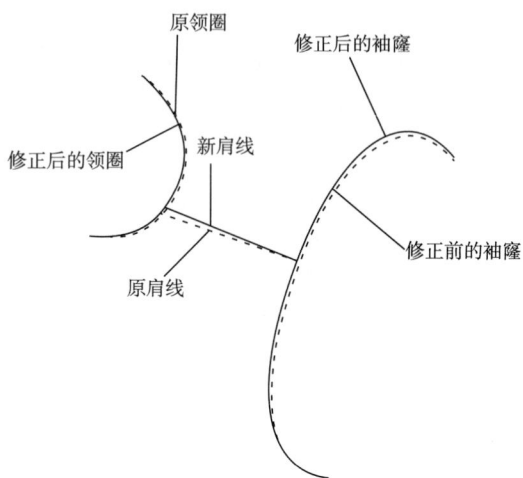

图2-8 立翻领短袖合体女衬衫样板调整

2. 样板放缝

立翻领短袖合体女衬衫样板放缝如图2-9所示。裁片放缝要点如下：

（1）前片分割线、省道处的缝份均为1.2cm；肩缝、侧缝的缝份为1cm；袖窿、袖山、领圈等部位缝份为1cm；后片中缝缝份为1cm；后片公主线分割处采用包缝，后中片放缝0.7cm，侧片放缝1.3cm。

（2）底边和袖口贴边放缝3cm。

（3）放缝时弧线部位的端角要保持与净缝线垂直。

3. 样板标识

（1）样板上标好丝缕线；写上裁片名称、裁片数量、号型等（不对称裁片应标明上下、左右、正反等信息）。

（2）做好对位标记、剪口。

（三）样板推档放缩

1. 前衣片推档放缩

前衣片推档放缩如图2-10所示，各部位推档数值及放缩说明见表2-2。

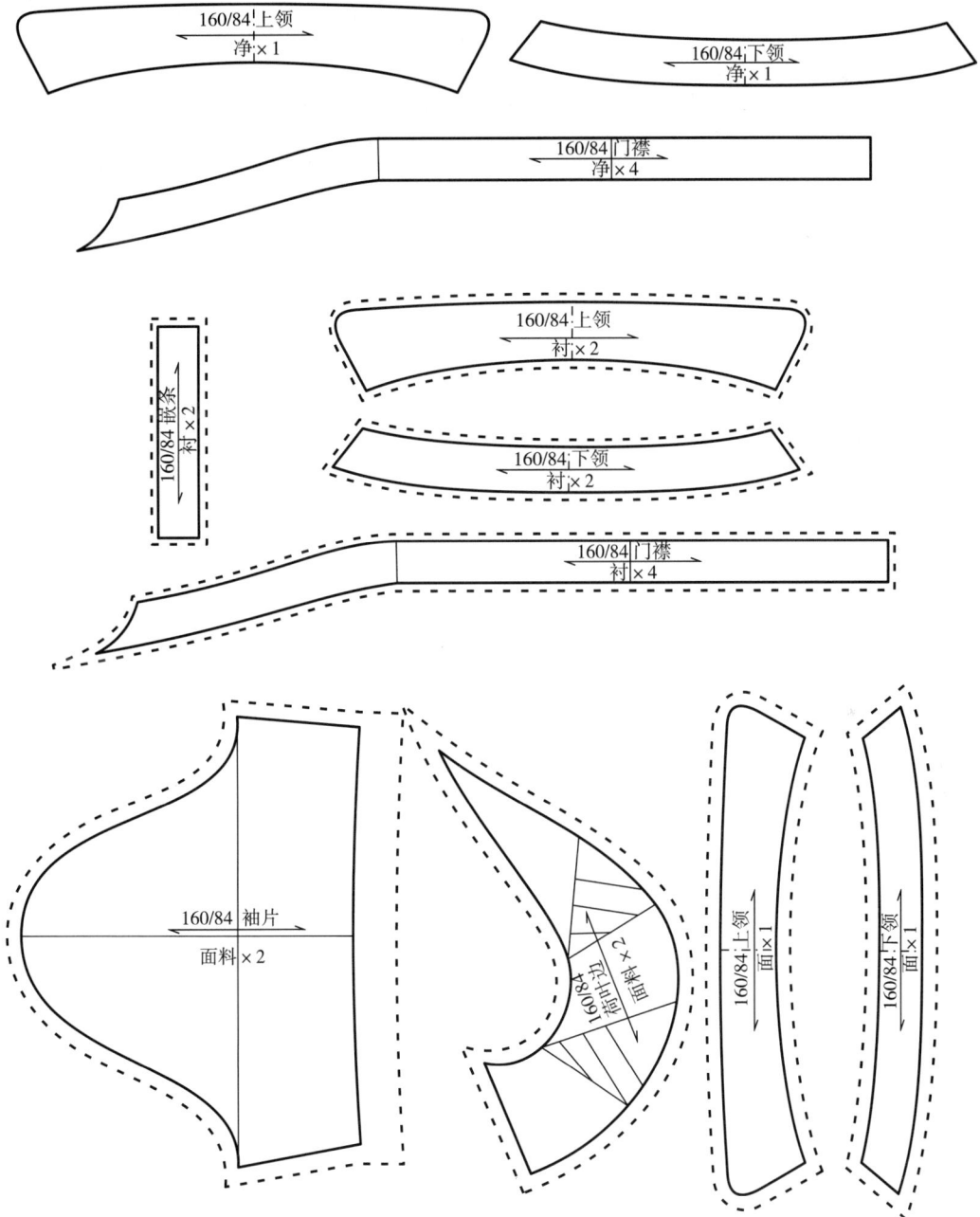

160/84 上领
净×1

160/84 下领
净×1

160/84 门襟
净×4

160/84 嵌条
衬×2

160/84 上领
衬×2

160/84 下领
衬×2

160/84 门襟
衬×4

160/84 袖片
面料×2

160/84 袖片
面料×2

160/84 上领
面×1

160/84 下领
面×1

图 2-9

160/84 门襟
面×4

160/84 前中片
面×2

160/84 前下片
面×2

160/84 袋布
面×4

160/84 嵌条
面×2

160/84 前侧片
面×2

160/84 后侧片
面×2

160/84 后中片
面×2

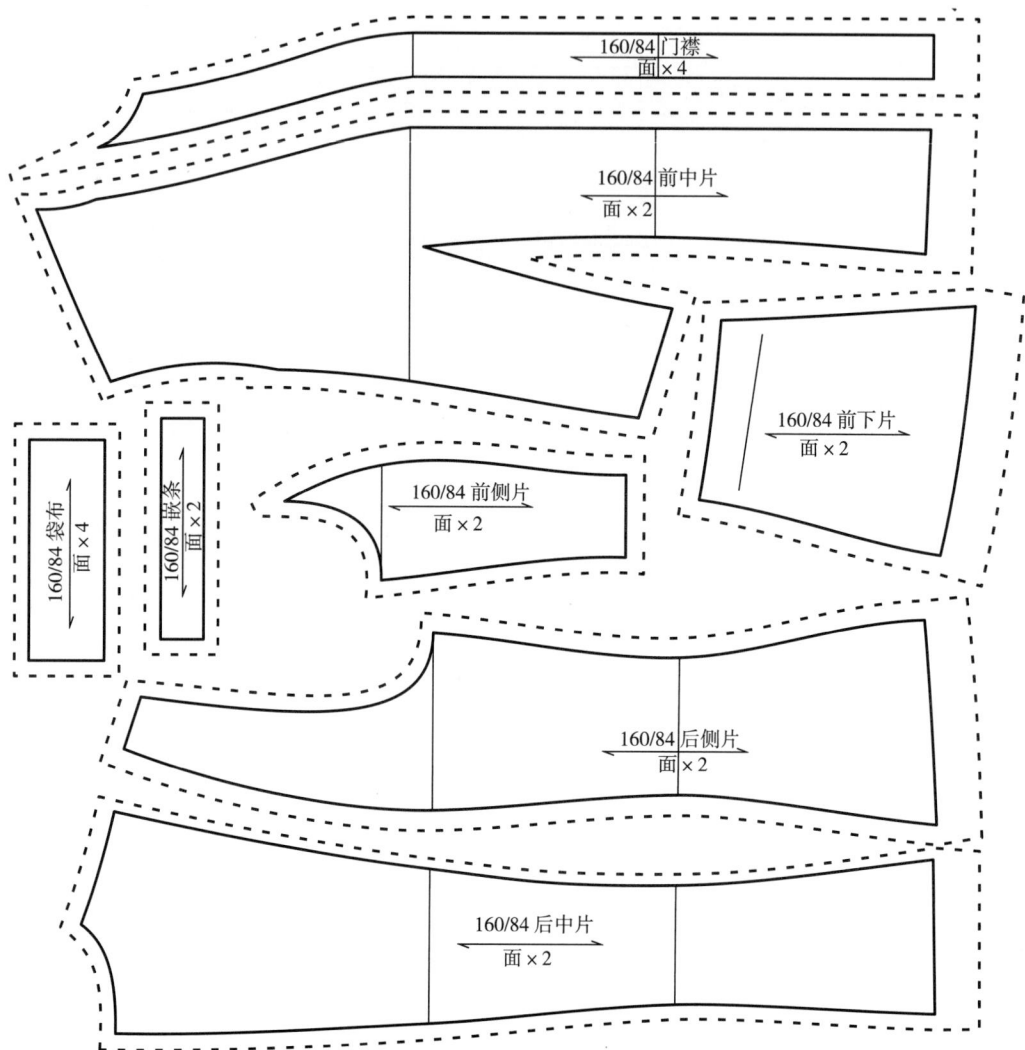

图2-9　立翻领短袖合体女衬衫面、辅料放缝

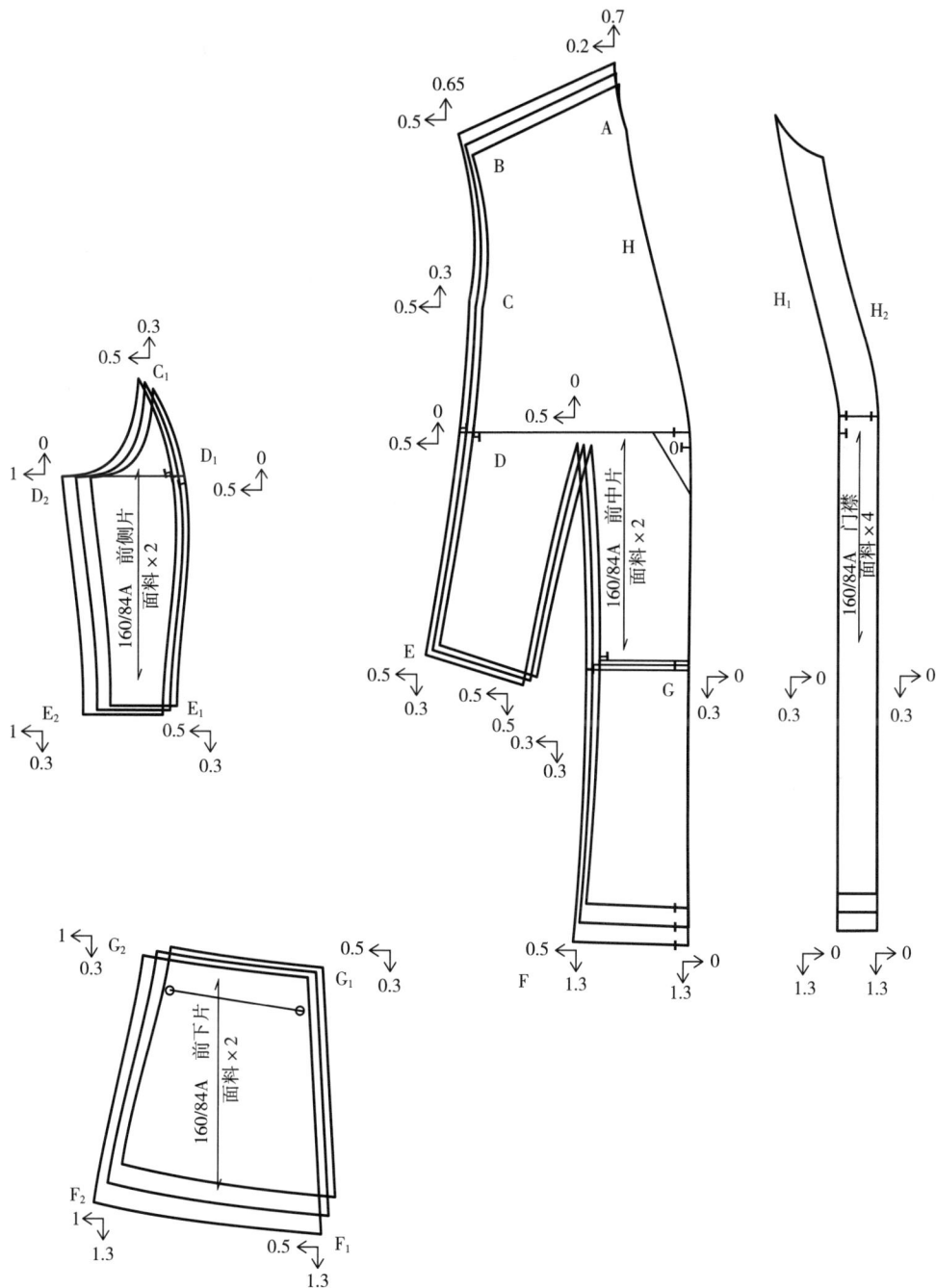

图 2-10　立翻领短袖合体女衬衫前衣片推档图

表2-2　前衣片各部位推档数值及放缩说明

代号	推档方向与推档量（cm）		放缩说明
A	经向	0.7	袖窿至领口横向分割，衣长档差为2cm，将其分配在前肩颈点位0.7cm
	纬向	0.2	
B	经向	0.65	
	纬向	0.5	
C	经向	0.3	占袖窿的1/3，所以推0.3cm
	纬向	0.5	胸围档差的1/4
D	经向	0	坐标基准线上的点，不放缩
	纬向	0.5	前片胸围档差的1/2
E	经向	0.3	腰节档差的2/7，所以推0.3cm
	纬向	0.5	前片胸围档差的1/2
F	经向	1.3	衣长档差为2cm，减去0.7cm，为1.3cm
	纬向	0.5	分割线占前片胸围档差的1/2，所以推0.5cm
G	经向	0.3	腰节档差为2/7，所以推0.3cm
	纬向	0	坐标基准线上的点，不放缩
H	经向	0	坐标基准线上的点，不放缩
	纬向	0	坐标基准线上的点，不放缩
C_1	经向	0.3	同C点
	纬向	0.5	同C点
D_1	经向	0	坐标基准线上的点，不放缩
	纬向	0.5	分割线占前片胸围档差的1/2，所以推0.5cm
D_2	经向	0	坐标基准线上的点，不放缩
	纬向	1	前片胸围档差的1/2
E_1	经向	0.3	同E点
	纬向	0.5	同E点
E_2	经向	0.3	腰节档差为2/7，所以推0.3cm
	纬向	1	前片胸围档差的1/2
F_1	经向	1.3	衣长档差为2cm，减去0.7cm，为1.3cm
	纬向	0.5	分割线占前片胸围档差的1/2，所以推0.5cm
F_2	经向	1.3	衣长档差为2cm，减去0.7cm，为1.3cm
	纬向	1	前片胸围档差的1/2

续表

代号	推档方向与推档量（cm）		放缩说明
G_1	经向	0.3	腰节档差为2/7，所以推0.3cm
	纬向	0.5	前片胸围档差的1/2
G_2	经向	0.3	腰节档差为2/7，所以推0.3cm
	纬向	1	前片胸围档差的1/2
H_1	经向	0	同H点
	纬向	0	同H点
H_2	经向	0	同H点
	纬向	0	同H点

2.后衣片推档放缩

后衣片推档放缩如图2-11所示，各部位推档数值及放缩说明见表2-3。

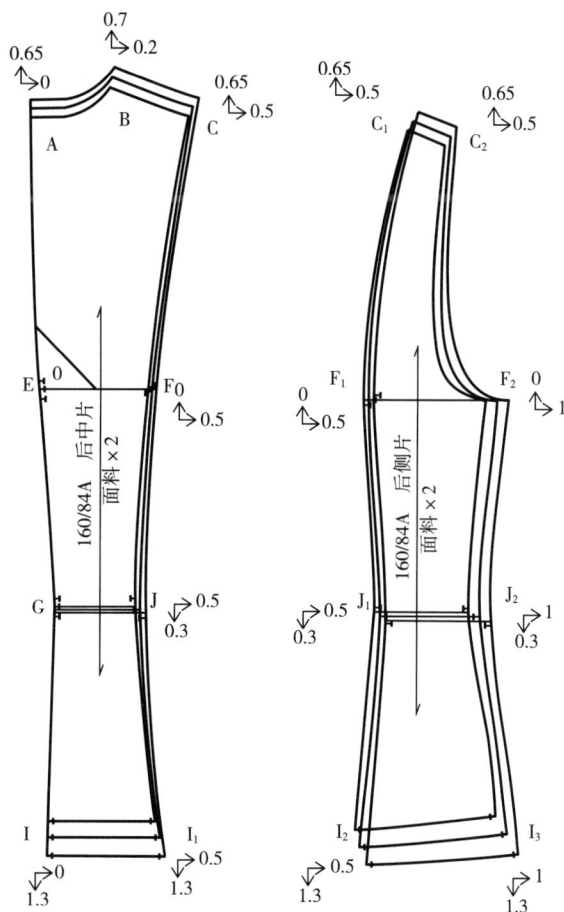

图 2-11 立翻领短袖合体女衬衫后衣片推档图

表2-3 后衣片各部位推档数值及放缩说明

代号	推档方向与推档量（cm）		放缩说明
A	纵向	0.65	衣长档差为2cm，将其分配，推0.65cm
	横向	0	坐标基准线上的点，不放缩
B	纵向	0.7	袖窿深档差为胸围档差的1/6，等于0.67cm，推0.7cm
	横向	0.2	直开领为颈围档差的1/5，即0.8/5=0.16cm，推0.2cm
C	纵向	0.65	B点纵向变化量减去袖窿深变化量
	横向	0.5	肩宽档差的1/2
E	纵向	0	坐标基准线上的点，不放缩
	横向	0	坐标基准线上的点，不放缩
F	纵向	0	坐标基准线上的点，不放缩
	横向	0.5	分割线占整个胸围档差的1/2，所以推0.5cm
G	纵向	0.3	腰节档差为2/7，所以推0.3cm
	横向	0	坐标基准线上的点，不放缩
J	纵向	0.3	腰节档差为2/7，所以推0.3cm
	横向	0.5	分割线占后片胸围档差的1/2，所以推0.5cm
C_1	纵向	0.65	同C点
	横向	0.5	同C点
C_2	纵向	0.65	同C点
	横向	0.5	同C点
F_1	纵向	0	坐标基准线上的点，不放缩
	横向	0.5	分割线占后片胸围档差的1/2，所以推0.5cm
F_2	纵向	0	坐标基准线上的点，不放缩
	横向	1	胸围档差的1/4
J_1	纵向	0.3	腰节档差为2/7，所以推0.3cm
	横向	0.5	分割线占后片胸围档差的1/2，所以推0.5cm
J_2	纵向	0.3	腰节档差为2/7，所以推0.3cm
	横向	1	胸围档差的1/4
I_1	纵向	1.3	衣长档差为2cm，减去0.7cm，为1.3cm
	横向	0.5	分割线占后片胸围档差的1/2，所以推0.5cm
I_2	纵向	1.3	同I_1点
	横向	0.5	同I_1点
I_3	纵向	1.3	衣长档差为2cm，减去0.7cm，为1.3cm
	横向	1	胸围档差的1/4

3.袖片推档放缩

袖片推档放缩见图2-12，各部位推档数值及放缩说明见表2-4。

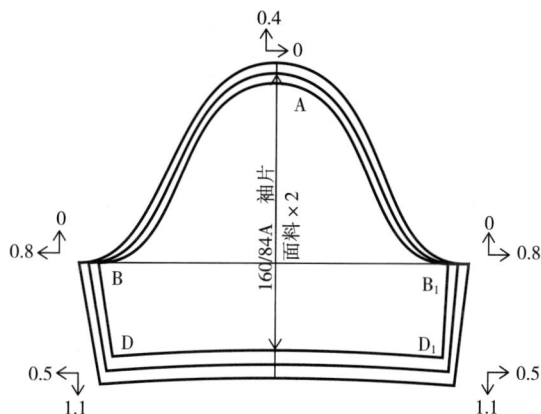

图 2-12　立翻领短袖合体女衬衫单件排料图

表2-4　袖片各部位推档数值及放缩说明

代号	推档方向与推档量（cm）		放缩说明
A	纵向	0.4	袖长档差为1.5cm，将其分配，推0.4cm
	横向	0	坐标基准线上的点，不放缩
B	纵向	0	坐标基准线上的点，不放缩
	横向	0.8	袖底点推0.8cm
D	纵向	1.1	袖长档差为1.5cm，减掉顶点的0.4cm，所以推1.1cm
	横向	0.5	袖口档差为1cm，所以推0.5cm
B_1	纵向	0	同B点
	横向	0.8	同B点
D_1	纵向	1.1	同D点
	横向	0.5	同D点

（四）服装排料

立翻领合体女短袖衫面料排料如图2-13所示。面料：门幅144cm，长度为衣长＋袖长＋5cm。

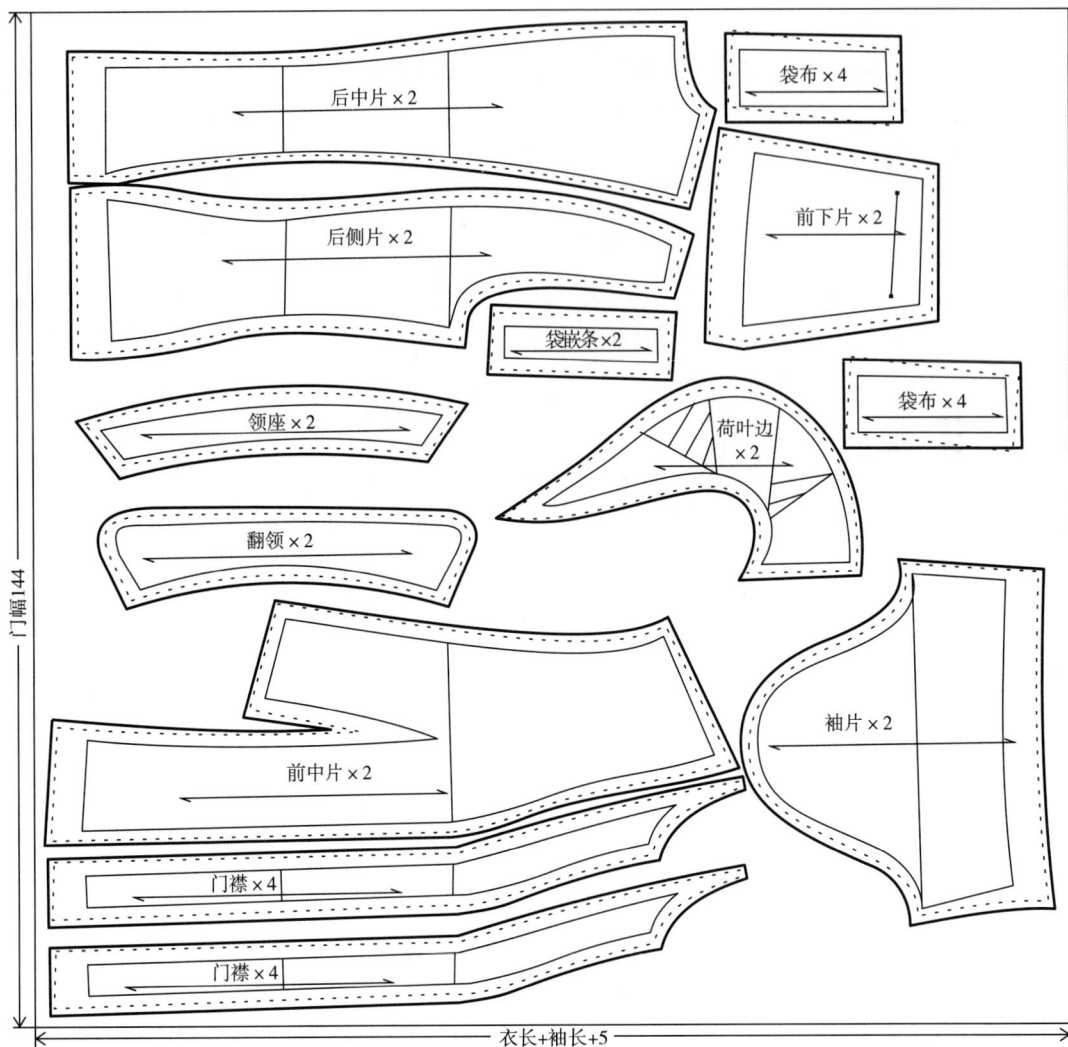

图 2-13　立翻领短袖合体女衬衫单件排料图

四、知识链接

（一）女上衣相关术语

1.省道

指为适合人体或造型需要，将一部分衣料缉缝，做出衣片曲面状态或消除衣片浮余量。省由省道和省尖两部分组成，按功能和形态进行分类可分为肩省、领省、袖窿省、侧缝省、胁省、肚省、腰省。

2.裥

为使服装符合体型及造型的需要，将部分衣料折叠熨烫而成。裥由裥面和裥底组成。

3. 褶

为使服装符合体型和造型的需要，将部分衣料缝缩而形成的褶皱。

4. 分割缝

为使服装符合体型和造型的需要，将衣身、袖身、裙身、裤身等部位进行分割而形成的缝，如刀背缝、公主缝。

（二）省的构成原理及应用

作为女装，胸省的转移是永恒的话题，掌握了胸省转移的原理和方法，就掌握了打开女装结构的基本设计。

1. 省道的构成原理

省道是女装及女装变化的灵魂。在原型构成的立体裁剪中可以看到，平面衣料包覆人体复杂曲面时会出现多余的衣料量，将其捏合缝纫成暗褶，就成为服装术语中的"省"。省是对服装做立体处理的一种手段，是表现人体曲面的重要因素。从几何角度来看，省的缝合可以使平面衣料形成圆锥面、类球面等（图2-14）。

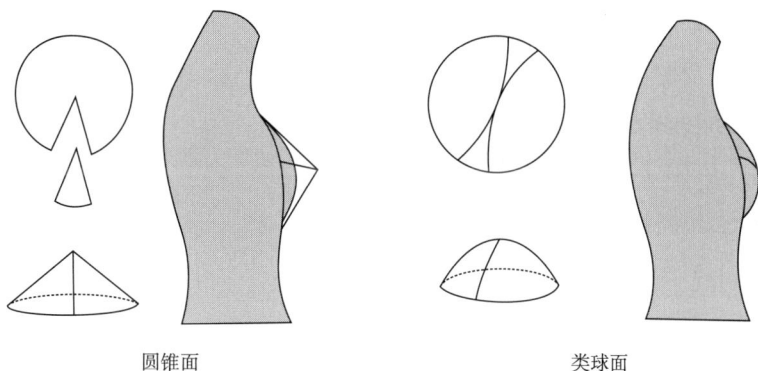

圆锥面　　　　　　　　　　　类球面

图 2-14　省道缝合形成的圆锥面、类球面

省道在服装设计中是完成从平面到立体的必要手段。由于女性的体型起伏很大，为了使缝制后的服装适合于人体体型，就要把相对于人体凹进部位的多余布料去掉，这些去掉的部分就是省道。服装越紧身合体，省就越显得必不可少。从图2-15中可以清晰地看到面料与人体之间的空间关系，以及这种空间转化成省的部位分布和量的分布。将附着在人体表面的面料展开，就会发现有一些空缺存在，这些空缺在人体突出的部位较少或消失，在人体凹陷的部位较大，这些空缺表现在服装上即为省道。

2. 上衣胸省的设计及命名

一件衣服要做得既合体又立体，利用省道完成是最常用的手段。女装中的胸省，可以在衣身前片围绕BP点进行省道设计（图2-16）。省的命名一般可按照省所在的位置命名，如肩省、领口省、袖窿省等，省尖始终对准BP点。因人体曲面变化平缓而非突变，故实

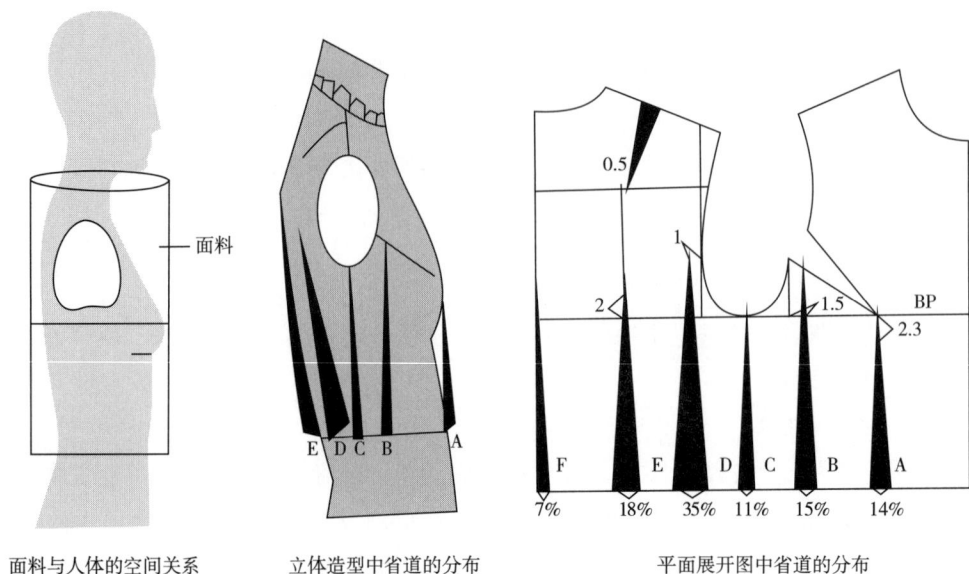

图 2-15 前后衣片省道的分布及大小

际缝制的省端点只对准某一曲率变化最大的部位，而不能完全缝制于曲率变化最大点上。为了准确而巧妙地满足人体曲面的美感，通常省尖距离 BP 点有一定的距离，这个距离一般视省道的位置、大小和长度来定。具体设计时，肩省距 BP 点 5~7cm，袖窿省距 BP 点 3~4cm，腋下省距 BP 点 4~6cm，腰省距 BP 点 2~3cm 等。

3.省道转移的方法

省道转移就是一个省道可以被转移到同一衣片上的其他部位，而不影响服装的尺寸和适体性。尽管前衣身所有省道在缝制时很少缝至

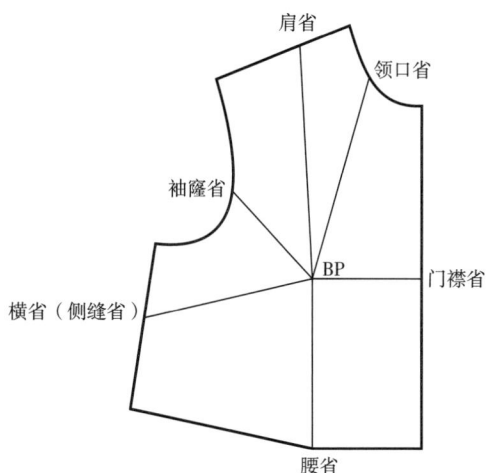

图 2-16 上衣胸省的位置及命名

胸高点，但在省道转移时，则要求所有的省道线必须或尽可能到达 BP 点。省道转移常用方法有两种：纸样旋转移位法和纸样剪开折叠移位法。

（1）纸样旋转移位法（图2-17）。

①确定腋下省的位置，与 BP 点连接。

②固定 BP 点，旋转纸样，使肩省的一条边旋转至另一条边。

③标出新省转移到的位置，连接 BP 点。

④将转换好的纸样外轮廓画出。

⑤省尖离BP点2~4cm，画出腋下省。

（2）纸样剪开折叠移位法（图2-18）。

①确定腋下省的位置，与BP点连接。

②剪开肩省。

③固定BP点，折叠肩省，腋下省打开。

④画出新的纸样轮廓。

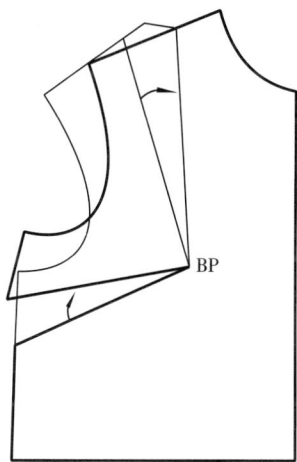

图2-17　纸样旋转移位法

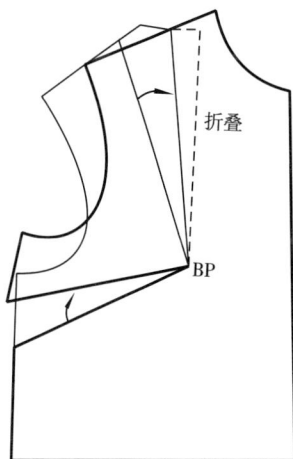

图2-18　纸样剪开折叠移位法

4.常见省道的转移

（1）单个集中省道的消除通过肩省转移（图2-19）；侧缝省转移（图2-20）；领口省转移（图2-21）实现。

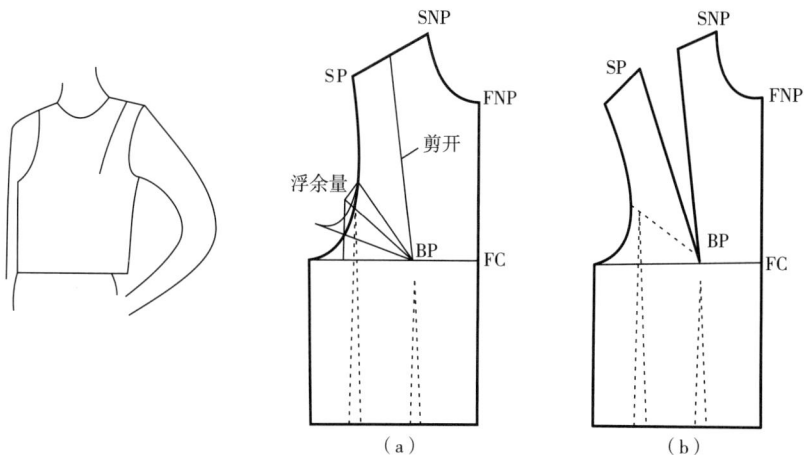

图2-19　肩省转移

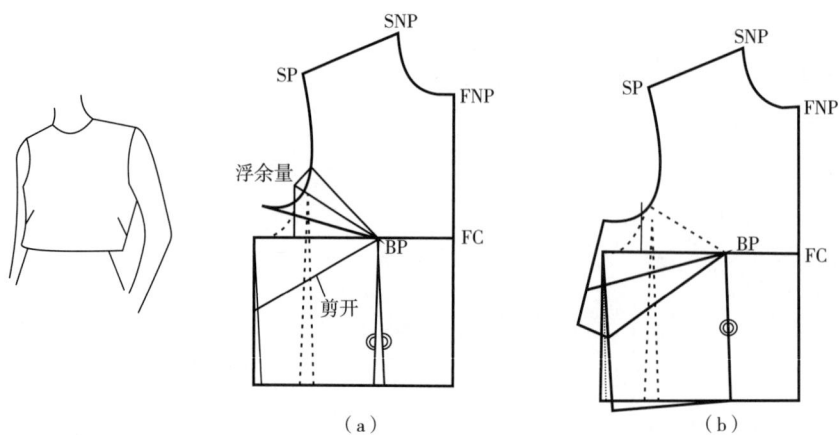

图 2-20　侧缝省转移

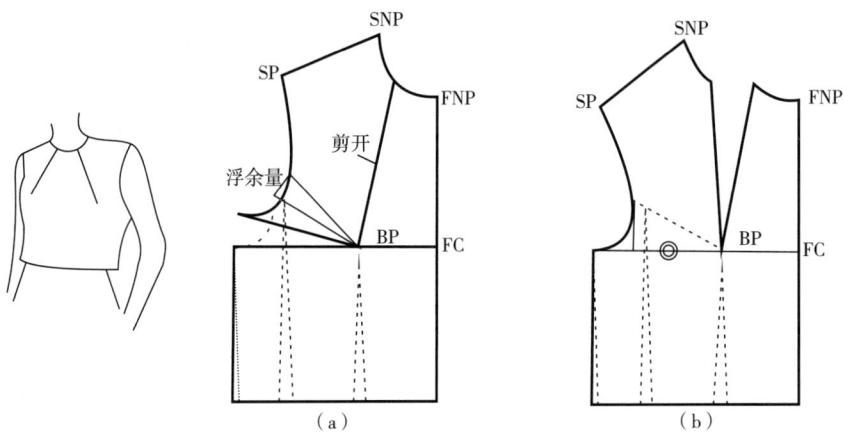

图 2-21　领口省转移

（2）多个分散省道，如前领省与腰省转移（图2-22）；两个腰省的转移（图2-23）；领部等量多省转移（图2-24）。

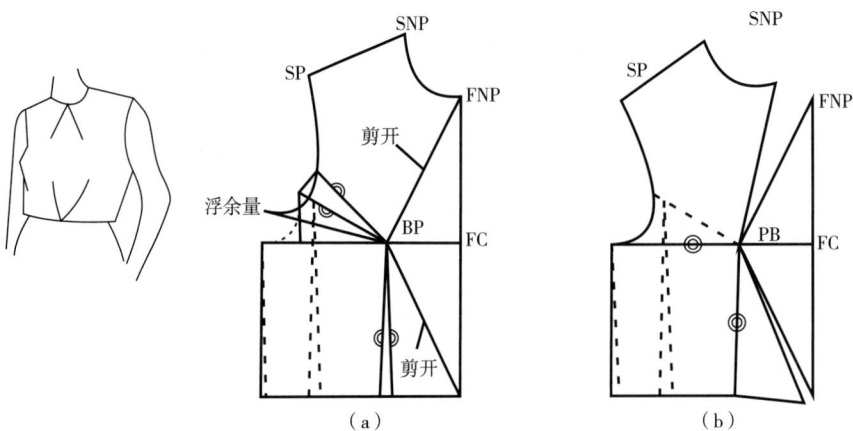

图 2-22　前领省与腰省转移

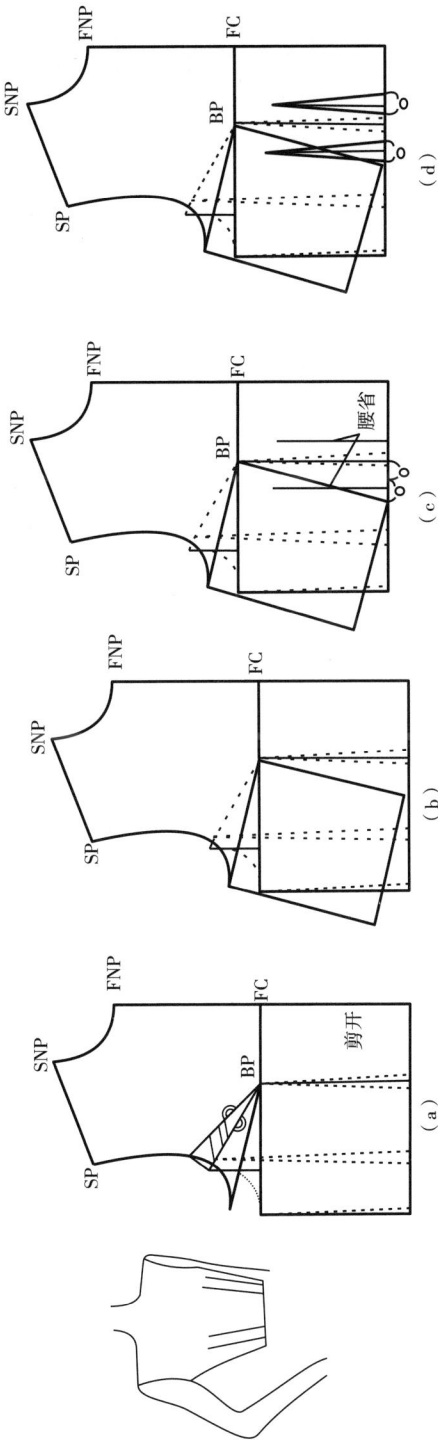

图 2-23 两个腰省转移

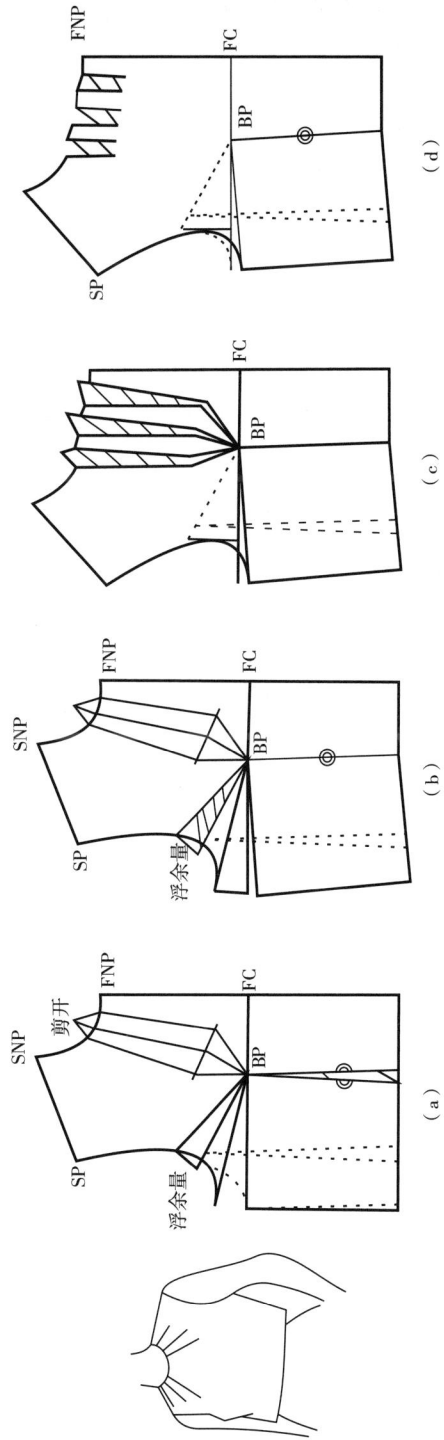

图 2-24 领部等量多省转移

（三）上衣新原型制图（图2-25）

1.女上衣新原型制图

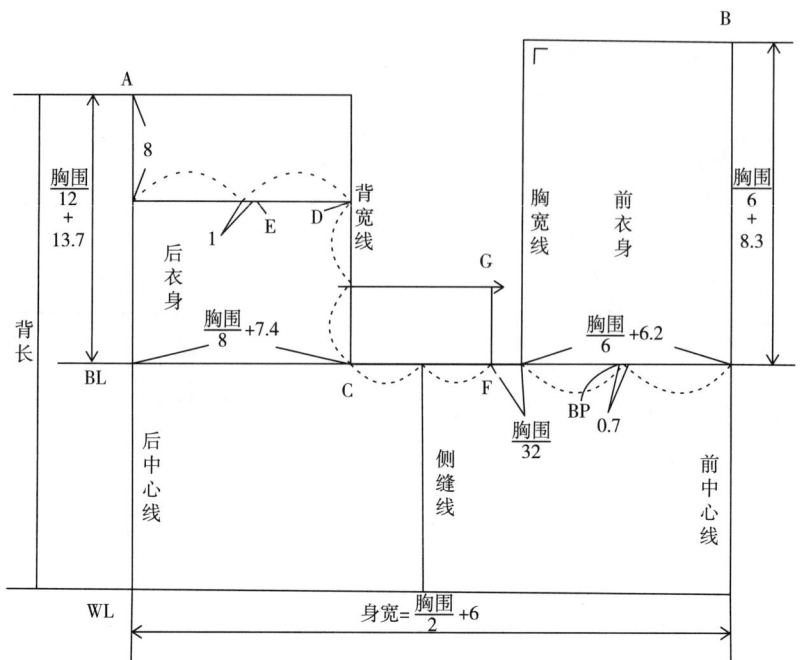

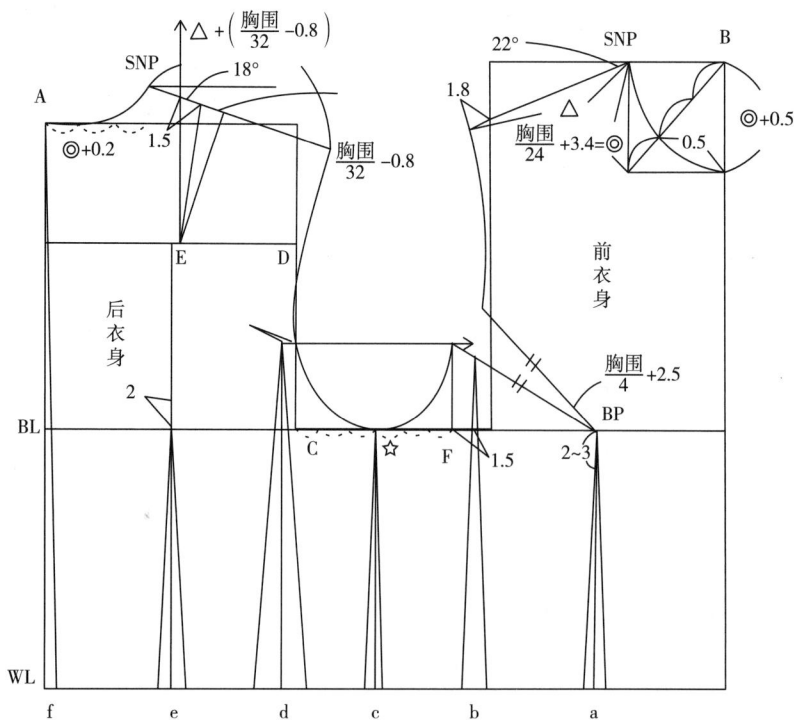

图 2-25　上衣新原型制图

2. 原型制图尺寸计算参照表（表2-5）

表2-5　原型各部位计算尺寸参照表（常用）

单位：cm

胸围	身宽 $\frac{胸围}{2}+6$	A-BL $\frac{胸围}{12}+13.7$	背宽 $\frac{胸围}{8}+7.4$	BL-B $\frac{胸围}{5}+8.3$	胸宽 $\frac{胸围}{8}+6.2$	$\frac{胸围}{32}$	前领宽 $\frac{胸围}{24}+3.4=◎$	前领深 ◎+0.5	胸省 ° $\left(\frac{胸围}{4}-2.5\right)$	胸省 cm $\frac{胸围}{12}-3.2$	后领宽 ◎+0.2	后肩省 $\frac{胸围}{32}-0.8$
77	44.5	20.1	17.0	23.7	15.8	2.4	6.6	7.1	16.8	3.2	6.8	1.6
78	45.0	20.2	17.2	23.9	16.0	2.4	6.7	7.2	17.0	3.3	6.9	1.6
79	45.5	20.3	17.3	24.1	16.1	2.5	6.7	7.2	17.3	3.4	6.9	1.7
80	46.0	20.4	17.4	24.3	16.2	2.5	6.7	7.2	17.5	3.5	939	1.7
81	46.5	20.5	17.5	24.5	16.3	2.5	6.8	7.3	17.8	3.6	7.0	1.7
82	47.0	20.5	17.7	24.7	16.5	2.6	6.8	7.3	18.0	3.6	7.0	1.8
83	47.5	20.6	17.8	24.9	16.6	2.6	6.9	7.4	18.3	3.7	7.1	1.8
84	48.0	20.7	17.9	25.1	16.7	2.6	6.9	7.4	18.5	3.8	7.1	1.8
85	48.5	20.8	18.0	25.3	16.8	2.7	6.9	7.4	18.8	3.9	7.1	1.9
86	49.0	20.9	18.2	25.5	17.0	2.7	7.0	7.5	19.0	4.0	7.2	1.9
87	49.5	21.0	18.3	25.7	17.1	2.7	7.0	7.5	19.3	4.1	7.2	1.9
88	50.0	21.0	18.4	25.9	17.2	2.8	7.1	7.6	19.5	4.1	7.3	2.0

注　A-BL：后片上平线至胸围线。
BL-B：胸围线至前片上平线。

3. 各省量比率参照表

腰省量和各个省量相对于总省量的比率进行计算。总省量＝身宽－（W/2+3），具体大小见（表2-6）。

表2-6　上衣原型省量比率参照表

总省量	f	e	d	c	b	a
100%	7%	18%	35%	11%	15%	14%
9	0.630	1.620	3.150	0.990	1.350	1.260
10	0.700	1.800	3.500	1.100	1.500	1.400
11	0.770	1.980	3.850	1.210	1.650	1.540
12	0.840	2.160	4.200	1.320	1.800	1.680

五、项目评价

项目评分表同模块一项目一。

项目二 连身立领哥特袖合体女上衣

一、项目描述

这是一款无夹里合体女上衣。根据款式描述和客户资料分析，对本款女上衣进行工业制板，并进行放缝、推档和排料。

二、项目分析

（一）款式描述

此款为连身立领哥特袖合体女上衣（图2-26）。连身立领与驳头组合，单排一粒扣，前片设刀背分割缝；后片收领、胸省，开背中缝，刀背分割线至下摆。袖子为两片式哥特长袖。所有的分割线均缉明线装饰。此款服装无夹里，后片设领贴，背中缝采用来去缝，明线宽1.2cm，前、后衣片刀背缝用内包缝，缉0.5cm明线，底边缉1.5cm宽明线。

图 2-26　连身立领哥特袖合体女上衣款式图

（二）客户资料分析

本款女上衣客户提供了成品规格表和缝制工艺要求，为服装制板和工艺制作明确了细节标准。

1.成品规格表

本款订单提供的是成品尺寸规格表，本次制板不考虑缩率（表2-7）。

表2-7　立翻领短袖合体女上衣成品规格表　　　　　　　单位：cm

部位	尺码			
	155/80A（S）	160/84A（M）	165/88A（L）	档差
前衣长	56	58	60	2
背长	36	37	38	1
胸围	88	92	96	4
腰围	70	74	78	4
肩宽	37	38	39	1
袖长	21.5	23	24.5	1.5
袖口（半围）	13.5	14	14.5	0.5

2.缝制工艺要求

（1）缝制针距：14~15针/3cm。

（2）领子：连身立领。

（3）袖子：哥特两片式长袖，袖口缉1.5cm宽明线。

（4）前衣片：弧形分割线至腰节、前胸腰省至衣片底部，门襟宽2.5cm、缉0.15cm明线，底边缉1.5cm宽明线，门襟钉1粒纽扣。

（5）后衣片：背中心分割线至底边，背中缝来去缝1.2cm，背部两侧刀背缝内包缝、缉0.5cm明线，底边缉1.5cm宽明线。

（6）缝型：侧缝、肩缝、后中缝来去缝，袖窿滚边。

（7）面料：门幅宽140cm、长130 cm。

（8）辅料：无纺衬，长60cm，幅宽90cm；夹里，门幅宽90cm、长172cm；纽扣1粒，直径1.3cm，配色涤纶线1团。

三、项目实施

（一）初样制板

此款服装客户未提供面料的经纬缩率，考虑到面料的性能，制板时衣长、袖长、胸围可加放2%~4%的缩率（图2-27）。

1.后衣片制板公式与要点

连身立领哥特袖合体女上衣后片制板，如图2-27所示。

（1）先画后衣片原型。

（2）后中长：61cm。

（3）后背长：后颈点至腰节线长37.5 cm

（4）胸围线：后颈点向下20.4cm定点，画出胸围线。

（5）后领宽线：由后中线向右取7.6cm，作后中线的平行线。

（6）后领深线：由后颈点往上取2cm。

（7）后肩斜：按15：5的比值确定肩斜。

（8）后肩宽：$\dfrac{肩宽}{2}$。

（9）后背宽：由肩宽点向左量1.5cm定点，过该点垂直向下至胸围线。

（10）后胸围：后中线与胸围线的交点向右量$\dfrac{胸围}{4}$，作下平线的垂线。

（11）收肩省：肩省$=\dfrac{2}{3}$原型省，合并。

（12）领口省：省大1cm。

2.前衣片制板公式与要点

前衣片按新原型进行省道合并，根据款式图确定分割线。前衣片制板，如图2-27所示。

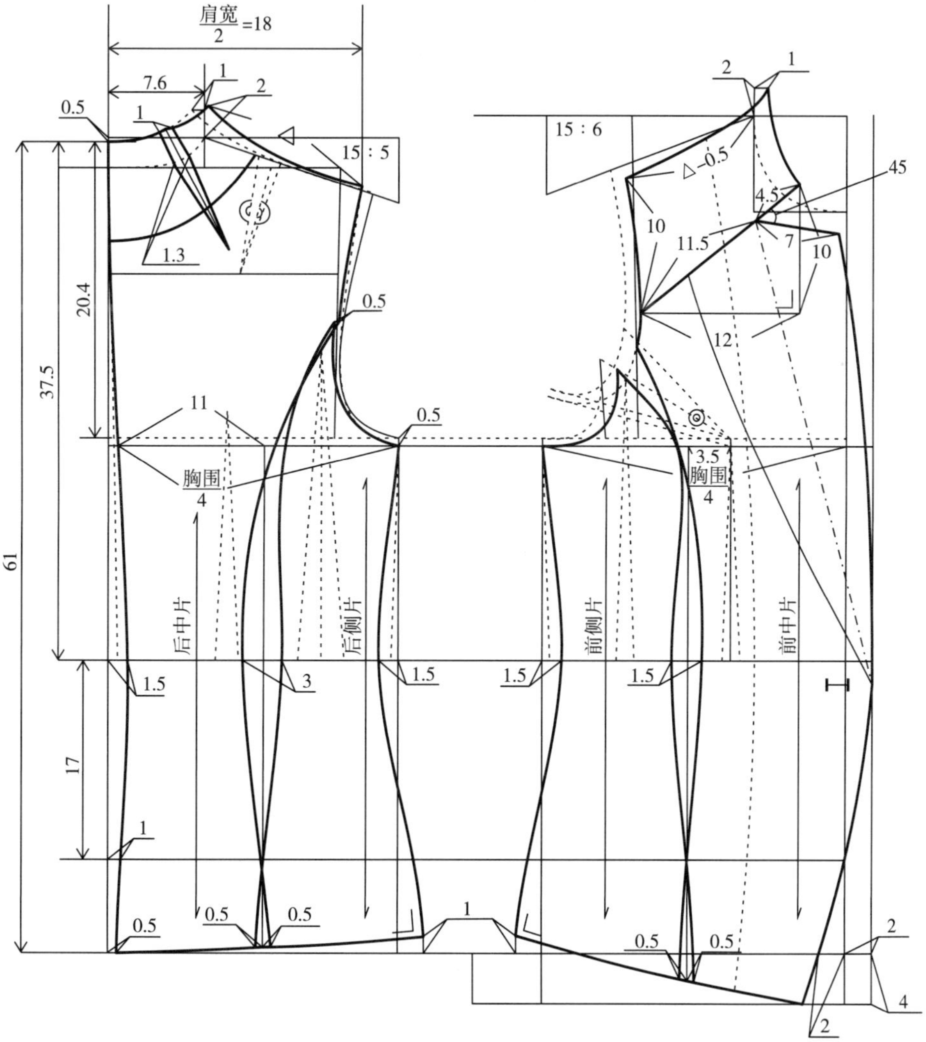

图2-27　连身立领哥特袖合体女上衣前后片制板

（1）根据原型作上平线，画出前衣长。

（2）前中线：垂直于上平线和衣长线。

（3）前领宽线：按原型将领宽线向右移1cm。

（4）前领深线：将原型领深线向上2cm定点，过该点在原型基础上画顺领深线。

（5）前肩斜：按15∶6的比值确定肩斜度。

（6）前肩长：取后肩长-0.5cm。

（7）前胸宽：前肩端点向右2.5cm定点，过该点垂直向下画线至胸围线。

（8）前胸围大：前中线与胸围线交点向左 $\dfrac{胸围}{4}$，作下平线的垂直线。

（9）侧缝：由胸围宽垂直于底边画线，腰围线向内收1.5cm，下摆外处1cm，底边起翘1cm。

（10）门襟：由前中心线向右2cm搭门宽。

（11）分割线：依据款式图分割线比例在前袖窿下定点，画出刀背缝至下摆。

（12）纽扣定位：纽位根据款式图确定。

3.袖片制板公式与要点

连身立领哥特袖合体女上衣袖片制板，如图2-28所示，具体步骤如下：

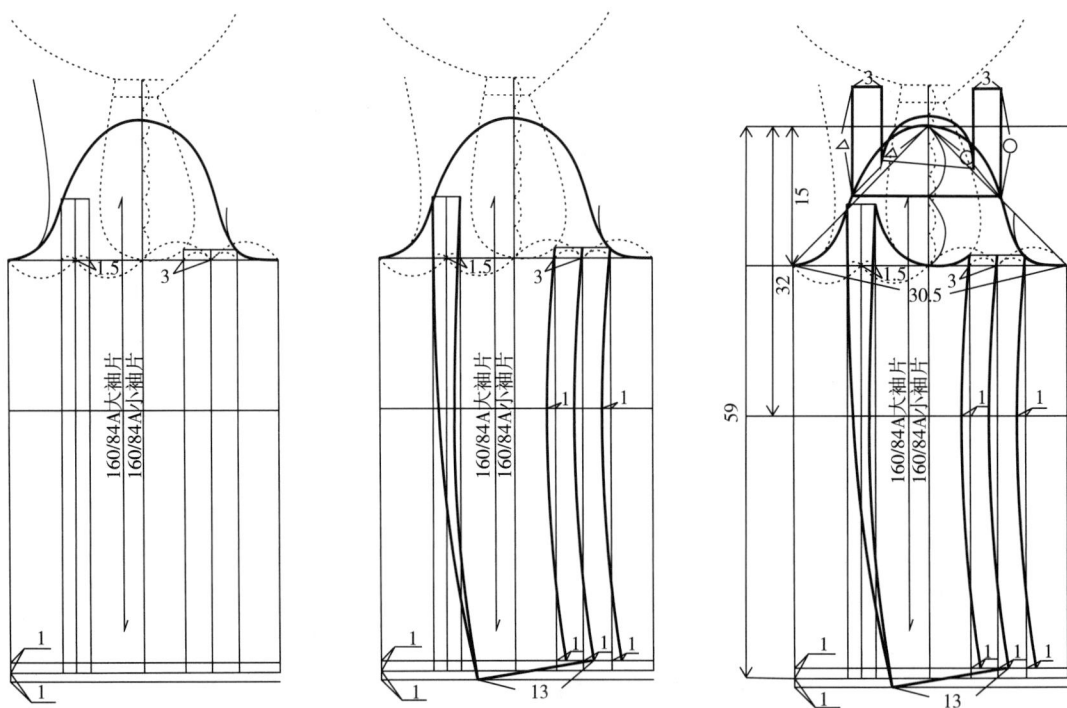

图2-28　连身立领哥特袖合体女上衣袖片制板

（1）把前、后袖窿复制出，作为袖子基本原型。

（2）画袖山高15cm，袖长59cm。

（3）量取前、后袖窿长度，作袖山斜线。

（4）将后袖山斜线三等分，前袖山斜线二等分。

（5）在后袖山斜线三等分点与前袖山斜线二等分点下1cm定点，画袖山弧线。

（6）按一片袖基本原型，向前偏1.5cm，作袖底缝线。

（7）画袖口大13cm。

（8）袖山的款式变化如图2-29所示。

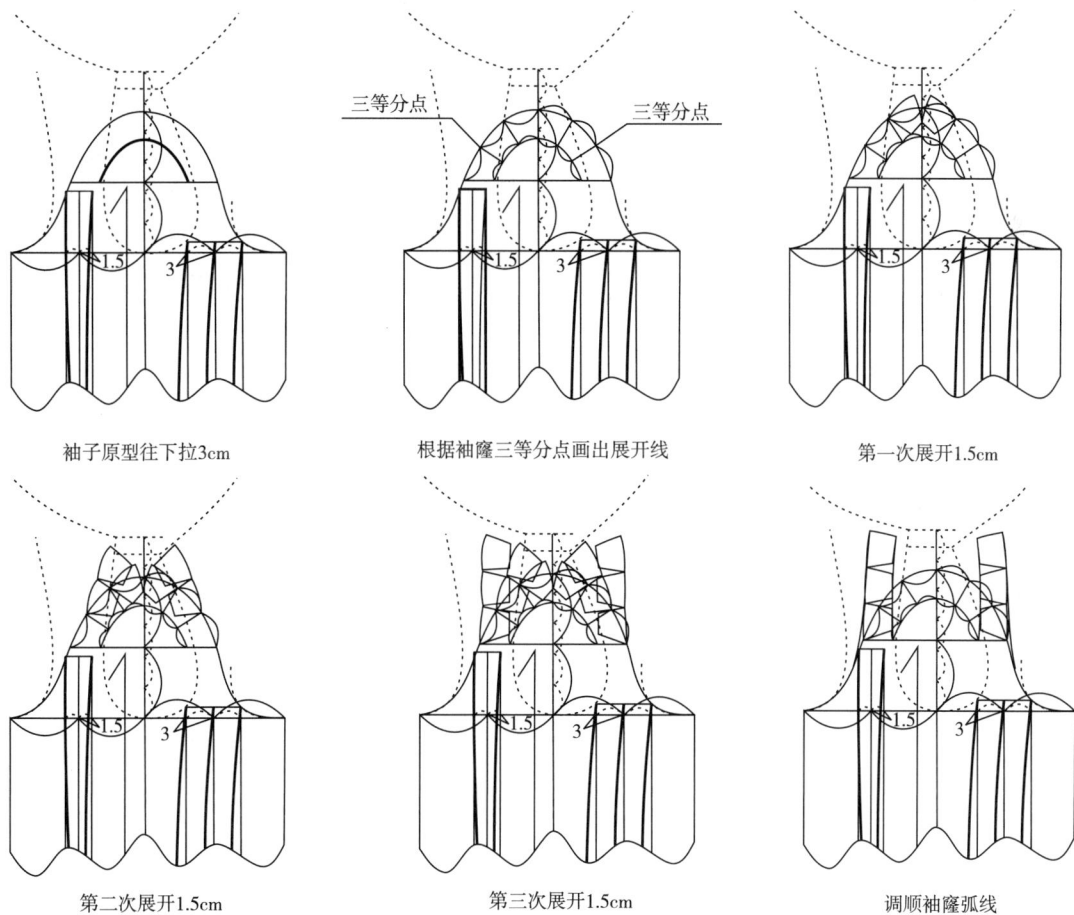

图2-29　袖山款式变化图示

4.领子制板公式与要点

（1）领子制板，如图2-27前、后衣片制板所示。

（2）领子造型和分割线根据款式图进行确定。

（二）样板确认

1. 样板放缝

连身立领哥特袖合体女上衣样板放缝，如图2-30所示。裁片放缝要点如下：

（1）前、后片刀背缝分割出的中片放缝0.7cm，侧片与中片连接处放缝1.3cm，肩缝、侧缝、后中缝的缝份为1cm，袖窿、袖山、领圈等弧线部位缝份为1cm。

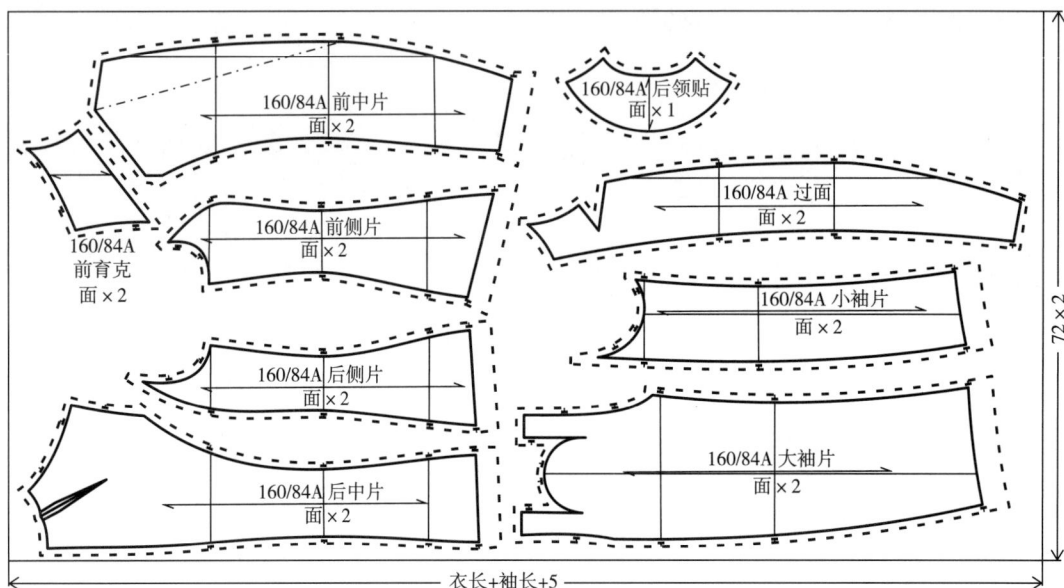

图2-30　连身立领哥特袖合体女上衣面、辅料放缝图

（2）前、后片底边和袖口贴边宽为3cm。

（3）放缝时弧线部位的端角要保持与净缝线垂直。

2. 样板标识

（1）样板上标好丝缕线；写上样片名称、裁片数、号型等（不对称裁片应标明上、下、左、右、正、反等信息）。

（2）标好对位标记、剪口。

（三）样板推档放缩

1. 前后片推档

以中心线、胸围线为推档公共线（图2-31）。

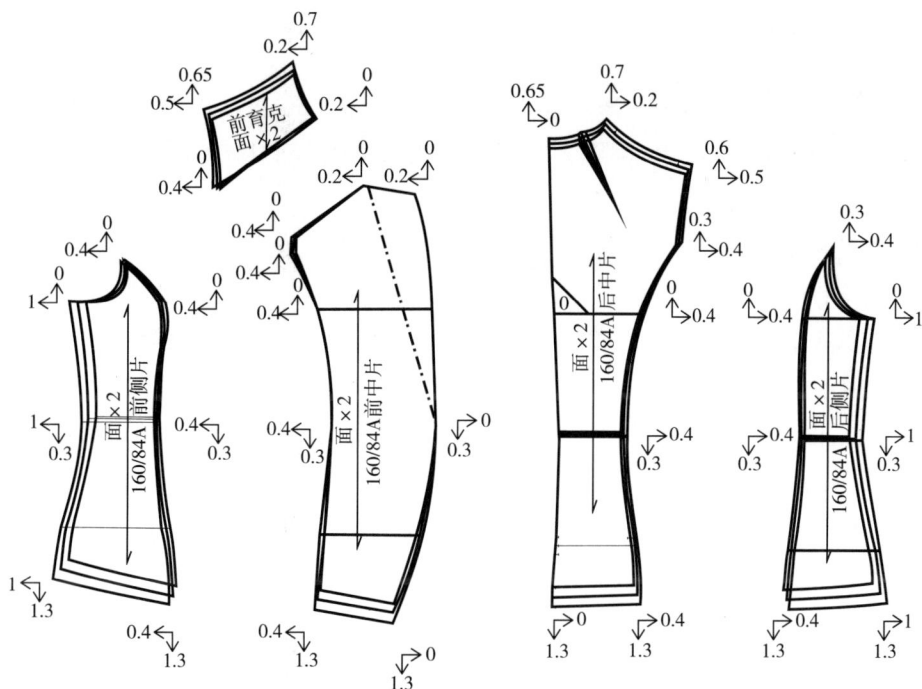

图 2-31 连身立领哥特袖合体女上衣前、后衣片推档图

2.袖子推档

以前袖缝线与袖山深线为推档公共线（图2-32）。

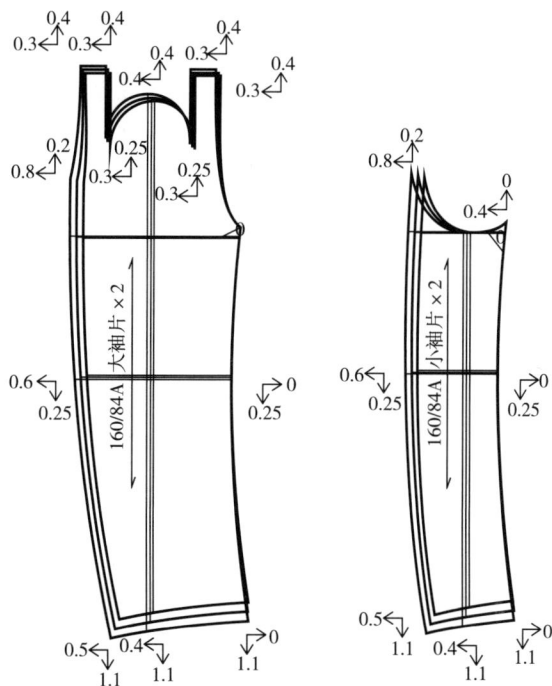

图 2-32 连身立领哥特袖合体女上衣袖片推档图

四、知识链接

（一）分割线的种类及变化

分割线对服装造型与合体性起着主导作用，它既能使服装适应人体的曲面特征，又能塑造出丰富多彩的外观造型，既有装饰性又有功能性。

1. 分割线的类型

（1）装饰性分割线。装饰性分割线是指为了造型需要，附加在服装上起装饰作用的分割线，分割线所处部位、形态、数量的改变会引起服装造型艺术效果的改变，但不会引起服装整体结构的改变。装饰性分割线主要依据款式要求进行设计，利用线条的分割来增加服装的款式变化，强调局部效果。男装中一般采用直线分割以展现男性的阳刚，女装中一般采用曲线分割以强调女性的柔美。

（2）功能性分割线。功能性分割线是指将省道与分割线进行融合的线条，具有影响服装造型效果的实用功能，它具有适合人体体型以及加工方便的工艺特点。特点之一是为了适合人体体型，以简单的分割线形式，最大限度地显示出人体轮廓的曲面形态。特点之二是以简单的分割线形式，取代复杂的湿热塑性工艺，兼有或取代收省的作用。例如，服装中的公主线，用以突出胸部和收紧腰部。

2. 分割线的功能

不同形式的分割线，在服装中的作用是不同的。按照线型来分，可以分为水平分割、垂直分割、斜线分割、弧线分割和组合分割。弧线分割在合体正装女衬衫上较常见，主要有刀背缝分割和公主线分割。直线分割通常于较休闲的女衬衫上。

（1）弧线分割。弧线分割主要有刀背缝和公主缝。该类型的分割有利于服装省道的转移，使服装造型合体、线条简洁、优美，给人以修长、拉伸的感觉，其中公主线分割更能使人在视觉上产生修长的曲线美。在正装女衬衫中常会采用这种简洁的造型手法，使服装合体，在连衣裙的设计当中也经常采用（图2-33）。

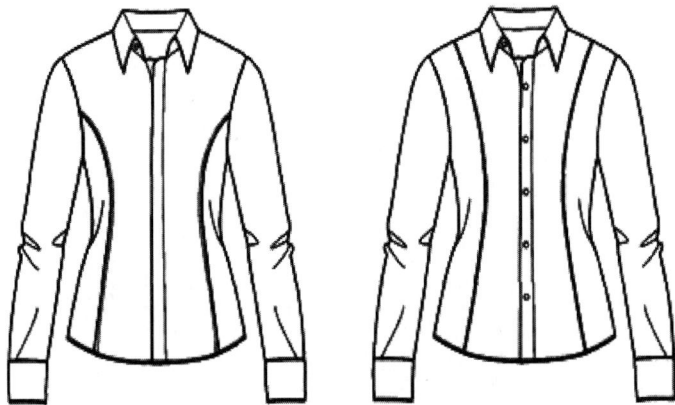

图 2-33　弧线分割

（2）水平分割。水平分割又称横向分割，给人以平稳、加宽、柔和之感。多条横向分割的组合，能使服装产生韵律感（图2-34）。

图 2-34　水平分割

（3）垂直分割。垂直分割也称竖分割，这种分割具有使视线上下移动的效果，能使穿着者显得瘦长。用于女衬衫具有秀丽挺拔的感觉（图2-35）。

图 2-35　垂直分割

（4）斜线分割。斜线分割具有不安定感，即运动感。用于休闲、运动类衬衫的设计（图2-36）。

图 2-36　斜线分割

（5）组合分割。采用不同线型分割的组合，能使服装具有丰富多彩的变化（图2-37）。

图 2-37　组合分割

3.连省成缝

（1）连省成缝的表现形式。服装收省的目的是使服装适身合体，省与省的连接是兼具了结构与装饰功能的服装分割线。例如，刀背分割就是袖窿省与腰省的连接，公主线分割就是肩省与腰省的连接（图2-38）。

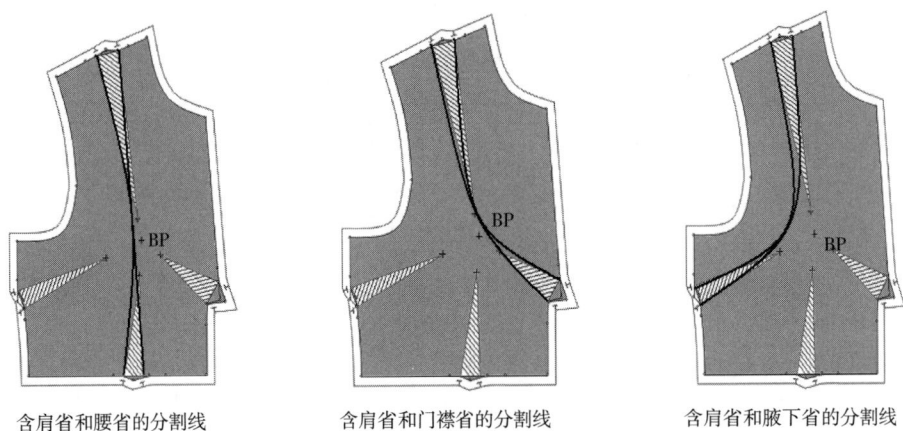

含肩省和腰省的分割线　　　含肩省和门襟省的分割线　　　含肩省和腋下省的分割线

图 2-38　连省成缝的表现形式

（2）连省成缝的基本原则：

①尽量考虑连接线要通过或接近该部位曲率最大的结构点，以充分发挥省道和分割线的合体作用。

②当纵向和横向的省道连接时，从工艺角度考虑，应以最短路径连接，使其具有良好的可加工性、贴体性和美观的艺术造型；从造型艺术角度考虑时，省道相连的路径要服从于造型的整体协调和统一。

4.连省成缝的步骤

（1）确定新省道的位置及旋转"面"。

（2）利用原型中的省道转移使造型的区域形成完整的平面。

（3）进行造型分割，弧度大小可根据具体款式定。在胸围线以上只考虑造型美观性及缝制过程的简便性；造型线经过胸部的时候，距离BP点不能太远，控制在以BP点为圆心，半径为1.5cm的区域内。

（4）画顺造型分割线与腰省。

（5）利用原型中的省道转移，还原结构（第二次转移），实现连省成缝。

（二）常见分割线的结构设计

1. 通至底边的刀背分割线

袖窿省与腰省连省成缝，形成通至底边的刀背分割线。刀背分割线绘制步骤，如图2-39所示。

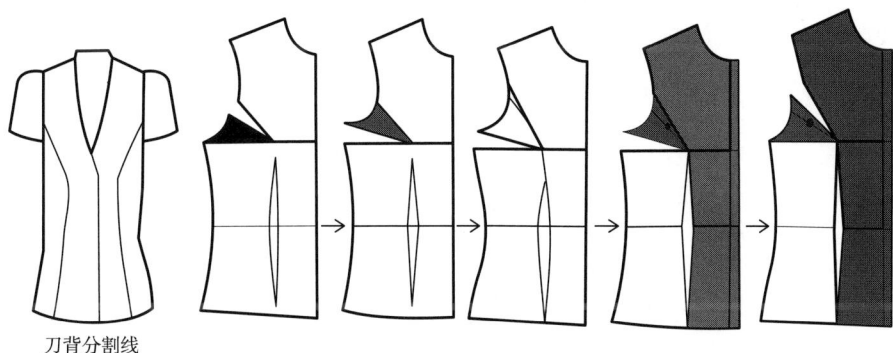

图2-39　通至底边的刀背分割线绘制步骤图示

分割线在服装造型设计中应用很多。图2-40所示的分割线是肩胸省与腰省连省成缝形成的公主线分割，图2-41是领胸省与腰省连省成缝形成的分割线；图2-42是袖窿省与腰省连省成缝形成的分割线；图2-43~图2-45是对应三个款式图画出胸省转换形成的分割线。

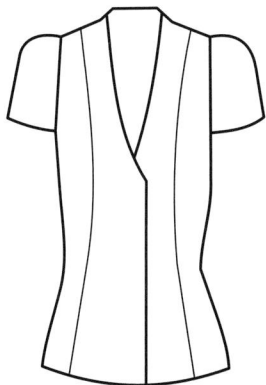

图2-40　公主线分割图示　　　图2-41　领胸省分割图示　　　图2-42　袖窿省分割图示

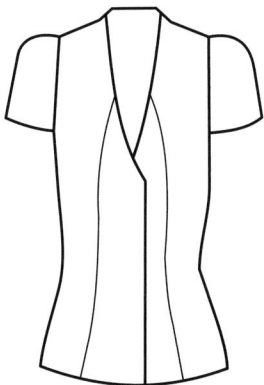

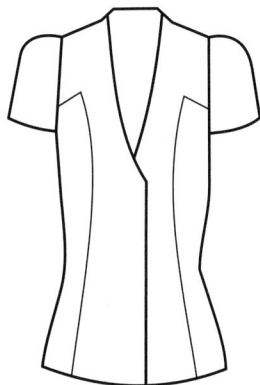

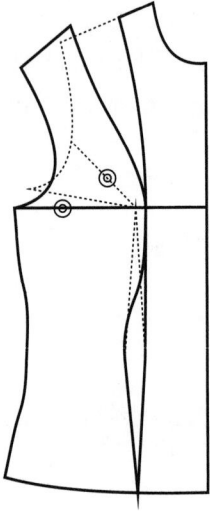

图 2-43　公主线分割　　　　　图 2-44　领胸省分割　　　　　图 2-45　袖窿省分割

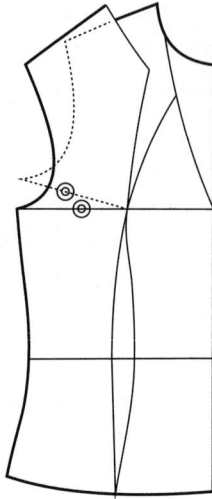

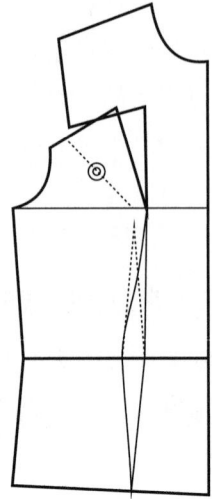

2.通至侧缝的分割线（图 2-46）

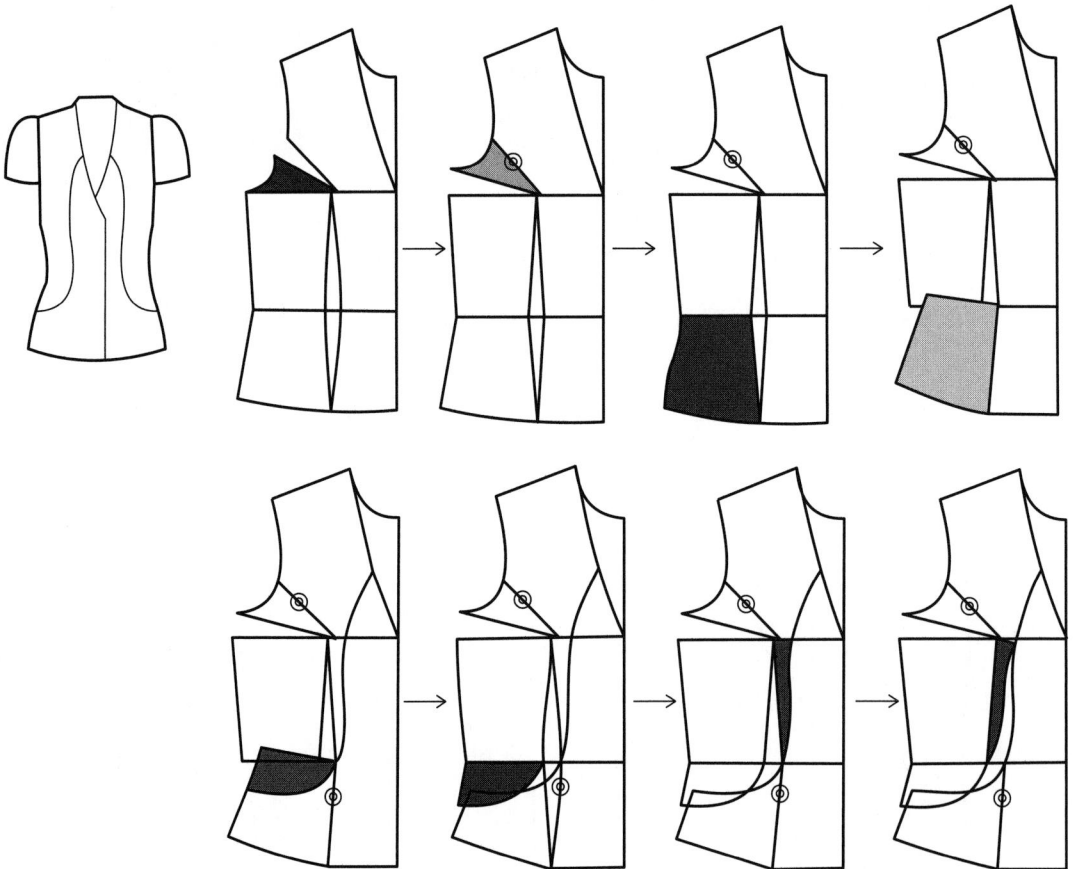

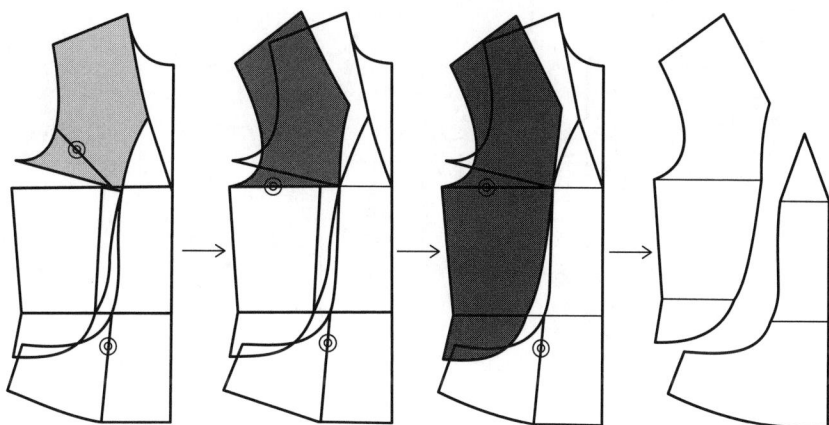

图 2-46　通至侧缝的分割线绘制步骤

图 2-47、图 2-48 所示的款式与上述款式有相似之处。图 2-49 为通至侧缝的分割线制板，可结合上述绘制步骤进行触类旁通。

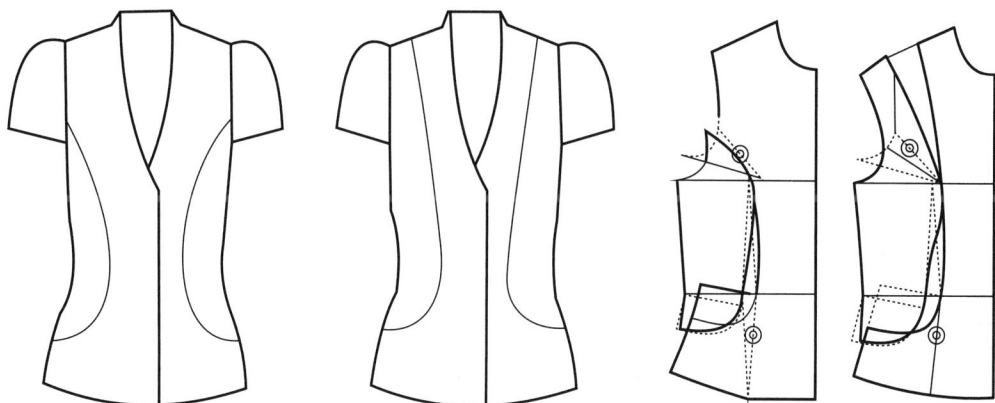

图 2-47　袖窿分割至侧缝　　　图 2-48　肩部分割至侧缝　　　图 2-49　通至侧缝的分割线制图

3. 组合式分割线

图 2-50 所示刀背缝与公主线组合式分割线制图步骤。

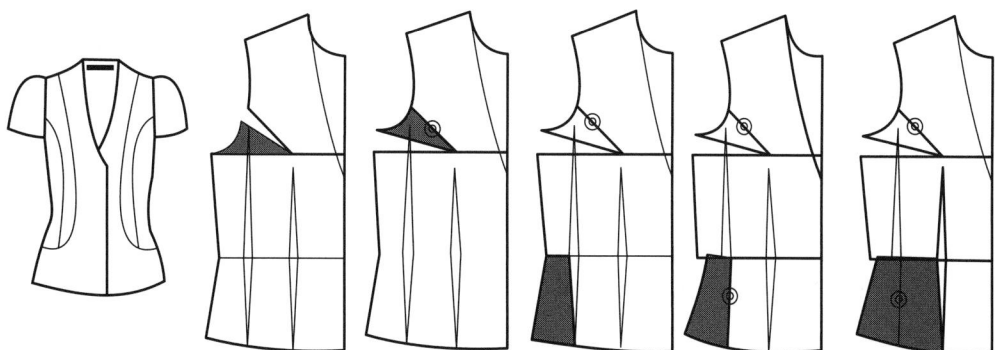

图 2-50

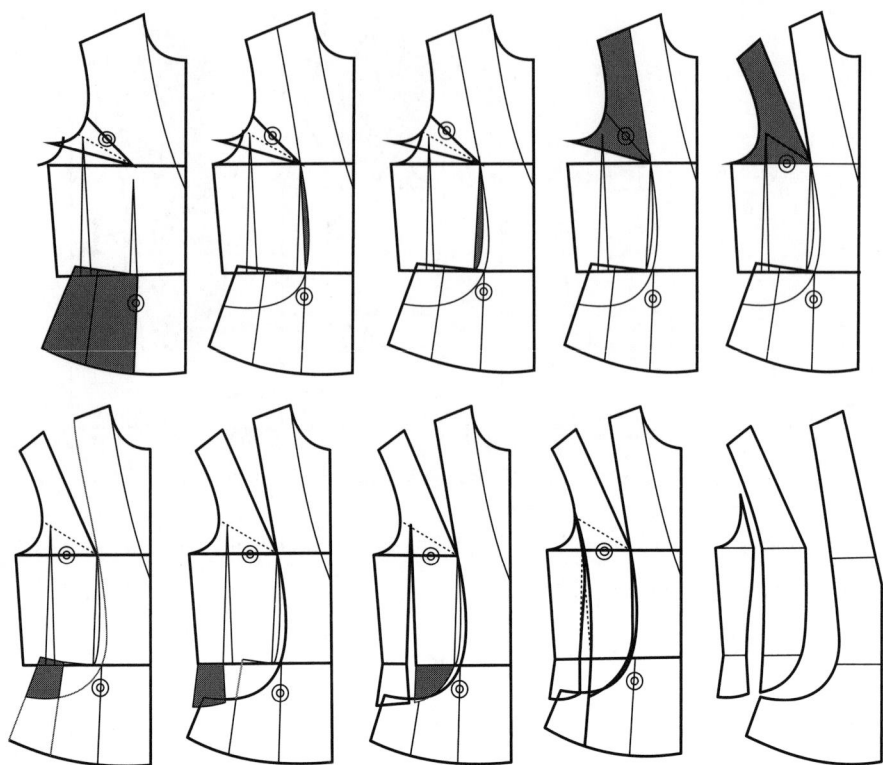

图 2-50 刀背缝与公主线组合式分割线制图步骤

图2-51所示为组合式分割线制图。

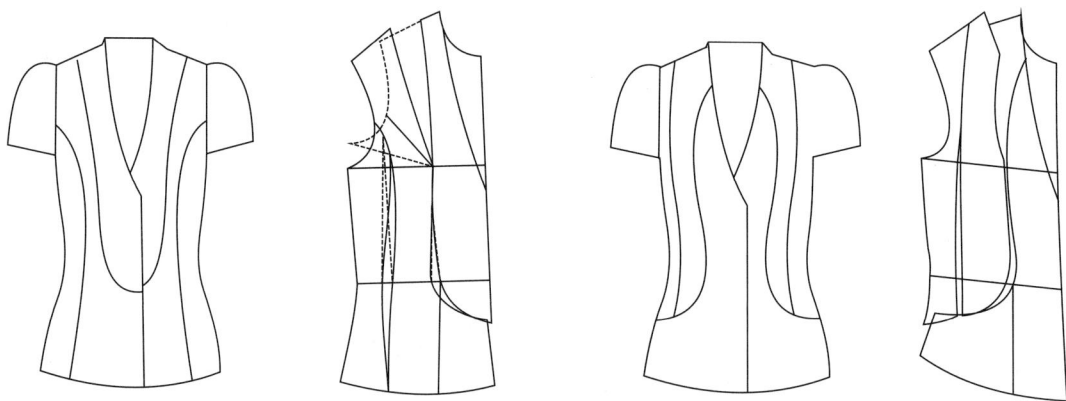

图 2-51 组合式分割线制板参考

五、项目评价

项目评分表同模块一项目一。

项目三 双排扣无领花苞袖合体女上衣

一、项目描述

这是一款有夹里的双排扣合体女上衣。根据款式描述和客户资料分析，对本款双排扣无领花苞袖合体女上衣进行工业制板，并进行放缝、推档和排料。

二、项目分析

（一）款式描述

此款为双排扣无领花苞袖合体女上衣（图2-52）。无领圆领口，偏门襟双排6粒扣。前片弧形刀背分割缝从袖窿至底边，弧度较大，腰部开一字嵌线袋，前片肩部拼育克，育克中间有纵向分割线。后片开背中缝，从后领中点至腰节线下4.5cm横向分割线处，后中下摆衣片有圆角造型。后片刀背分割线从袖窿通至下摆，袖子为花苞造型长袖。

图 2-52 双排扣无领花苞袖合体女上衣款式图

（二）客户资料分析

本款女上衣客户提供了成品规格表、缝制工艺要求和特殊部位示意图，为服装制板和工艺制作明确了细节标准。

1.成品规格

本款订单提供的是成品规格尺寸表，但由于企业未提供经纬缩率，故本次制板不考虑缩率（表2-8）。

表2-8 系列规格表（5.4） 单位：cm

部位	号型规格			档差
	155/80A（S）	160/84A（M）	165/88A（L）	
后中长	50	52	54	2
背长	36	37	38	1
胸围	88	92	96	4
腰围	70	74	78	4
肩宽	34	35	36	1
袖长	56.5	58	59.5	1.5
袖口大	12	12.5	13	0.5

2.缝制工艺要求

（1）缝制针距：14~15针/3cm。

（2）领子：无领，门襟以净样板为准。

（3）袖子：一片式花苞袖，按样板制作，袖口折边宽2.5cm。

（4）前衣片：前衣片斜襟、双排扣，肩部育克有纵向分割线。

（5）口袋：前片腰部开一字嵌线袋，袋口长13cm、袋口宽2cm。

（6）后衣片：后上片左、右刀背分割线至底边，后中背缝至下摆分割线处，后中下摆衣片收圆角。

（7）成品要求：符合成品尺寸，前片止口处钉双排6粒扣；缝线平整，缉线宽窄一致；整洁无污渍，无线头。

（8）面料：毛涤混纺面料，克重为210g；夹里采用美丽绸；辅料采用有纺衬，幅宽90cm，长60cm；纽扣直径2.1cm，共7粒（含备用1粒）。

3.特殊部位示意图（图2-53）

（1）服装侧缝一字嵌线袋细节：袋口长13cm，直通至侧缝。

（2）衣服后片夹里，除阴影部分用的是面料，其余部位都是里料。

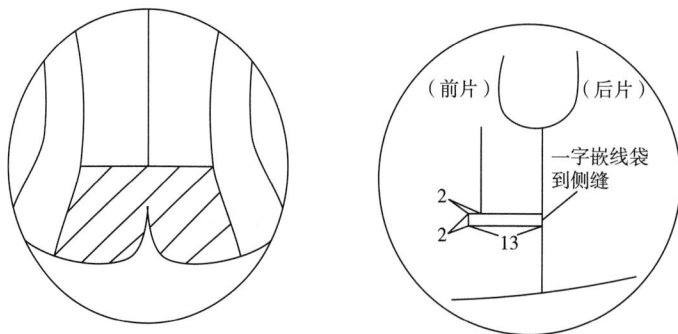

图 2-53 双排扣无领花苞袖合体女上衣特殊部位示意图

三、项目实施

（一）初样制板

此款服装企业未提供面料的经纬缩率，考虑到面料的性能，制板时衣长可加放1cm，袖长加放0.7cm，胸围加放2cm。双排扣无领花苞袖合体女上衣制板按号型规格160/84A进行。

1.后衣片制板公式与要点

双排扣无领花苞袖合体女上衣后片制板如图2-54所示。

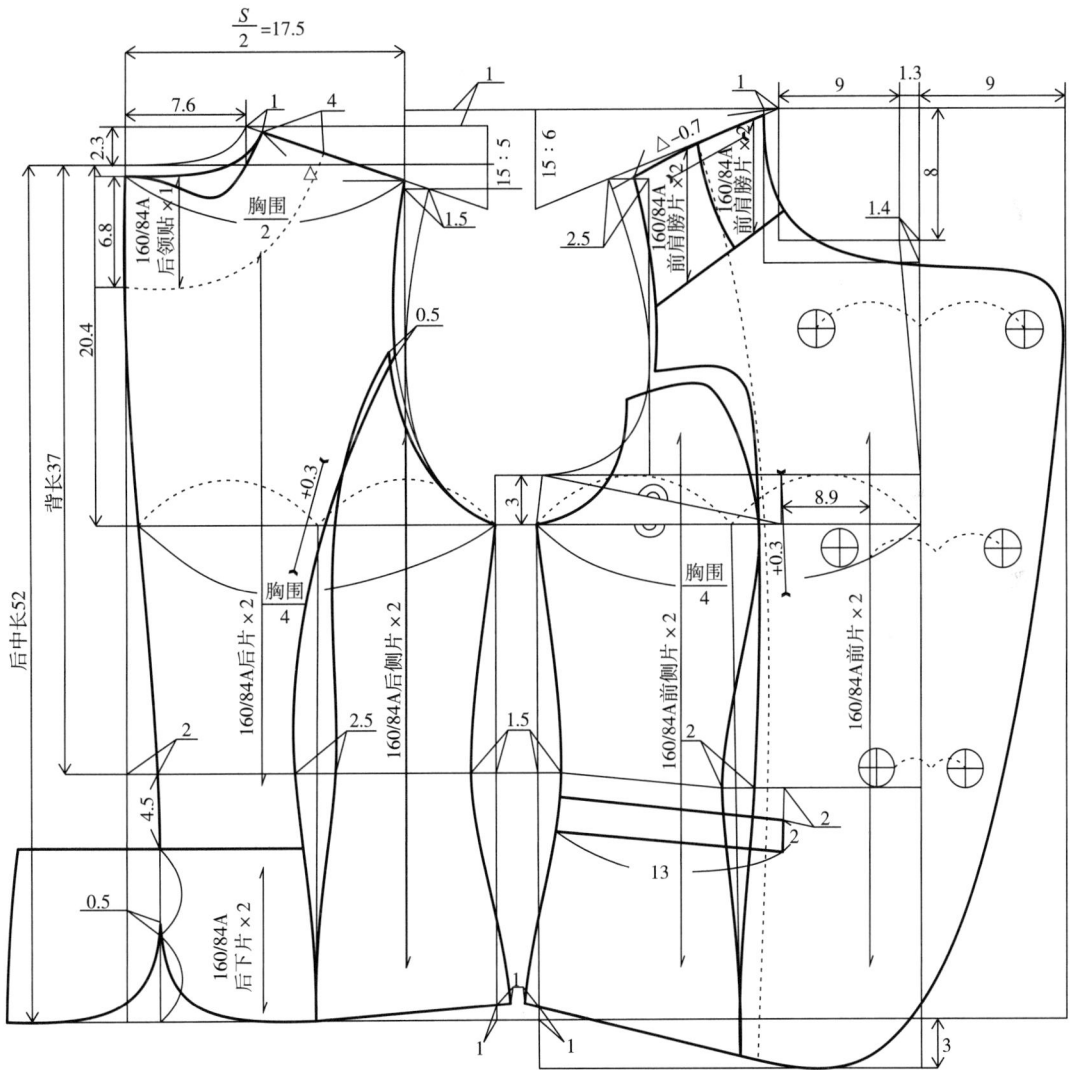

图2-54　双排扣无领花苞袖合体女上衣前、后片制板

（1）首先画出前、后衣片原型，在此基础上进行具体的结构制图。

（2）后中长：沿背中线，从后领深向下量52cm。

（3）后腰节线：从后领深沿背长向下量37cm，为腰节线处。

（4）胸围线：从后领深向下量20.4cm。

（5）后领宽线：按原型加宽1cm。

（6）后领深线：按原型后领深加深0.5cm。

（7）后肩斜：按15：5的比值确定肩斜度。

（8）后肩宽：由后中线向右量取$\frac{肩宽}{2}$。

（9）后背宽：肩端点向左1.5cm定点，过该点做下平线的垂线为背宽线。

（10）后胸围大：过后中线与胸围线的交点向右量$\frac{肩宽}{4}$做下平线的垂线。

（11）侧缝：由胸围宽垂直于下摆画线，腰节收进1.5cm，底摆放出1cm，起翘1cm。

（12）刀背分割：在后袖窿的1/2处定点，过该点做刀背分割线，腰节处收省2.5cm。

（13）后中下摆片：后中线腰节处收进2cm，腰节线下4.5cm处做横向分割，下摆画成圆角，按后中线对称。

2. 前衣片制板公式与要点

双排扣无领花苞袖合体女上衣前片制板，如图2-54所示。

（1）上平线：在后片上平线的基础向上抬高1cm做平行线。

（2）前中线：垂直于上平线并与衣长线重合。

（3）前领宽线：按原型加宽1cm。

（4）前领深线：按原型加深1.4cm。

（5）前肩斜：按15：6的比值确定肩斜度。

（6）前肩宽：取后肩宽-0.7cm，由于人体肩胛骨呈弓形，故肩端点处撇进0.5cm。

（7）前胸宽：前肩宽向右量2.5cm定点，过该点垂直向下画线至胸围线。

（8）前胸围大：前中线与胸围线交点向左量$\frac{肩宽}{4}$做上平线的平行线。

（9）侧缝：由胸围线向下摆画线，在腰节处收进1.5cm，底摆放出1cm，起翘1cm。

（10）搭门：宽9cm，根据款式画出偏门襟造型。

（11）育克：育克宽窄及纵向分割位置根据款式自行确定。

（12）刀背分割：从前片的袖窿省处开始做刀背缝，注意弧度比普通刀背分割弧度略大。刀背分割线至腰节线处合并原型省道，产生新腰省2cm，胸省转至弧线分割线处。

（13）袋位：根据款式图定出袋位，袋宽13cm，衣袋嵌线宽2cm，直接到侧缝。

（14）扣位：按款式设计定出扣位。

3. 袖片制板公式与要点

双排扣无领花苞袖合体女上衣袖片制板，如图2-55所示。

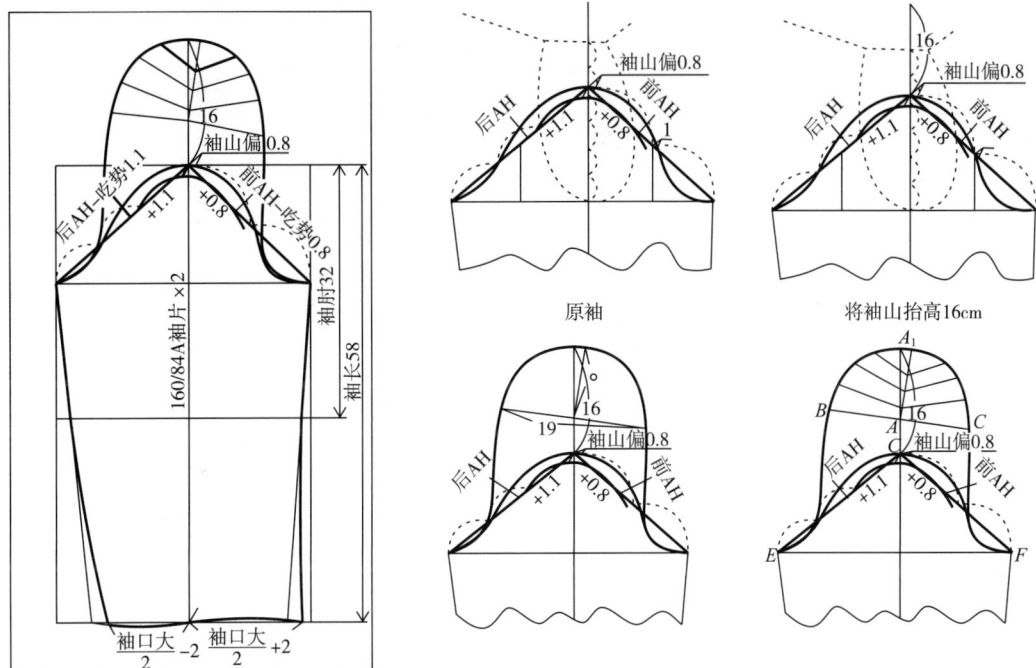

图 2-55　双排扣无领花苞袖合体女上衣袖片制板

（1）在前、后袖窿基础上，制作袖子基本原型。

（2）画袖山高为16cm，袖肘长32cm，袖长58cm。

（3）根据前AH、后AH值画出袖山斜线。

（4）根据图示画顺袖山弧线，袖山中点向前偏移0.8cm。

（5）由于人体手臂自然下垂时略向前微弯，为了适应人体活动和手臂造型，按一片袖基本原型，袖底缝线向前偏移1.5cm。

（6）画出袖口大，根据图示，按照袖口 ±2cm进行制图。

（7）袖山深在原袖山的基础上抬高16cm定点，过该点向下量10cm确定袖山折叠中点。

（8）按照袖肥19cm和新的袖山中点，画顺新的袖山弧线。

（9）在新的袖山弧线上确定袖山折叠点 B 和点 C（具体见袖片结构设计），确保 $OE=BE$，$OE=CF$。确定 BC 的中点 A 为花苞袖的下顶点，A_1 为花苞袖的上顶点。

4.零部件制板公式与要点

零部件制板直接在前、后衣片上进行绘制（图2-54）。

（1）后领贴：在后衣片结构图上，沿后肩斜线量取4cm定点，后领深向下量取6.8cm定点，经过这两点画顺作为后领贴。

（2）挂面：在前衣片上从颈侧点沿肩宽线向左量取4cm定点，过该点向下画顺至下摆。

（二）样板确认

1.样板放缝

（1）面料放缝如图2-56所示。

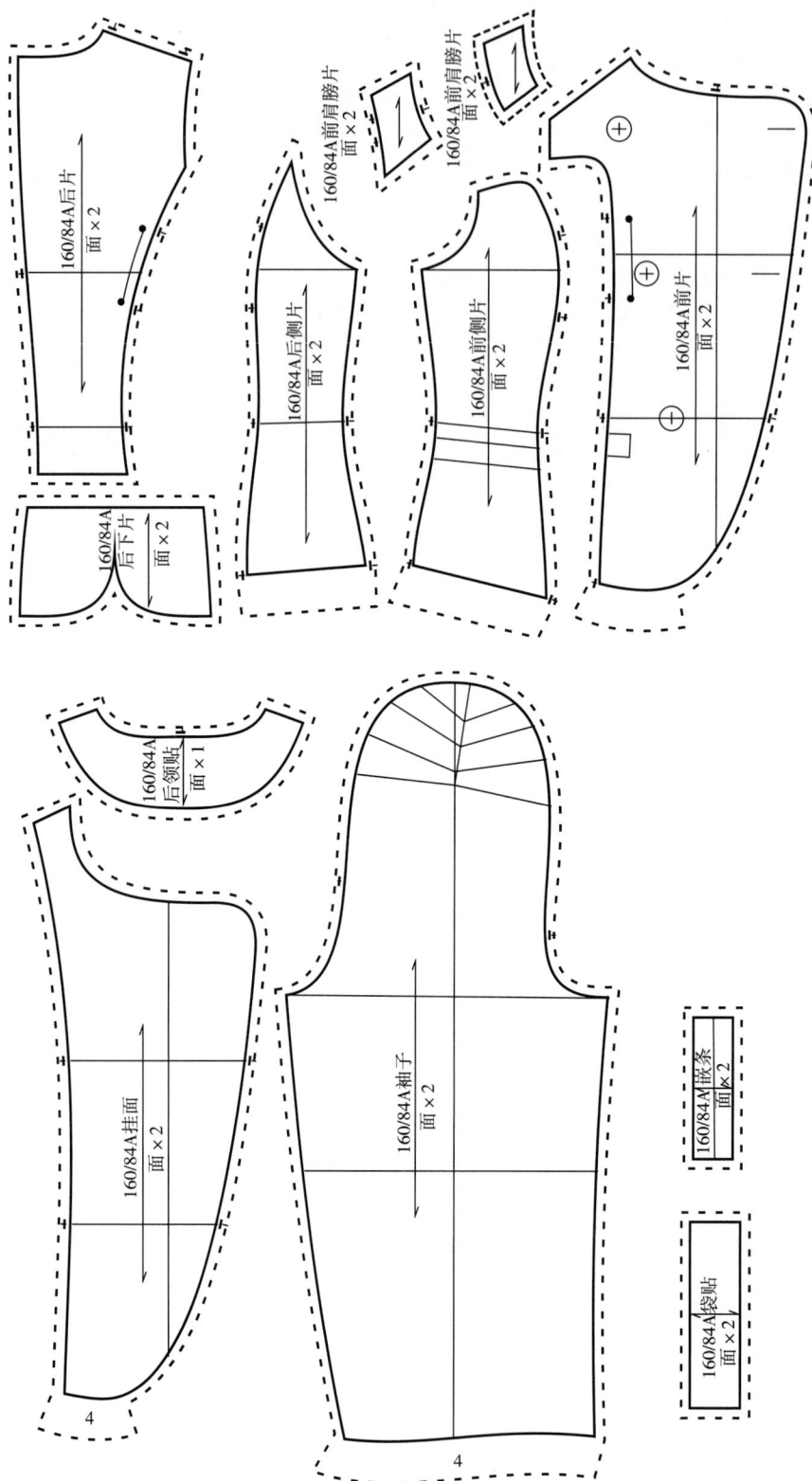

图 2-56　双排扣无领花苞袖合体女上衣面料放缝图

①分割线、肩缝、侧缝、袖窿的缝份为1cm；袖山、领圈等弧线部位的缝份为0.8cm；后中背缝缝份为1.5cm。

②底边和袖口贴边宽4cm。

③放缝时弧线部位的端角要保持与净缝线垂直。

（2）里料放缝及黏衬示意图（图2-57）。

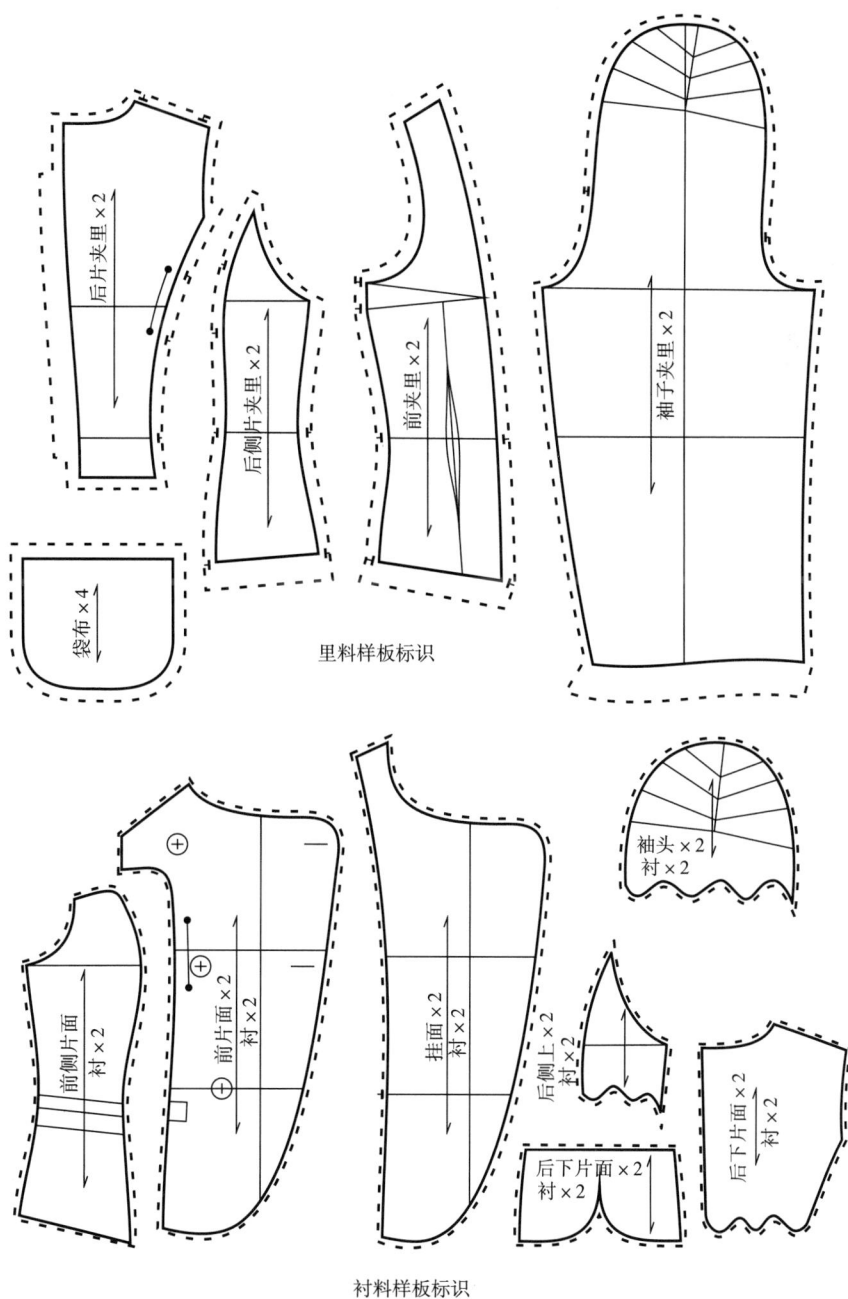

里料样板标识

衬料样板标识

图2-57　双排扣无领花苞袖合体女上衣里料放缝及黏衬示意图

①衣身裁片肩缝、侧缝、分割线、袖窿的缝份为1.5cm。

②袖山、领圈等弧线部位的缝份为1cm。

③后中缝份从后领贴向下至腰节线处放3cm，衣片下摆贴边宽3cm，袖口贴边宽4cm，其余部分放1.5cm。

2.样板标识

（1）样板上标好丝缕线；写上样片名称、裁片数、号型等（不对称裁片应标明上下、左右、正反等信息）。

（2）做好对位标记、剪口。

（三）样板推档放缩

1.前片推档

前片推档以前中心线、前胸围线为推档公共线，推档数据以及说明见表2-9，推档图见图2-58。

表2-9　前片推档数据及放缩说明

代号	推档方向与推档量		放缩说明
A	经向	0.5	袖窿至领口横向分割，衣长档差为2cm，将其分配，前颈肩点位0.7cm，分割线的点为0.5cm
	纬向	0.2	前肩膀片
B	经向	0.5	同A点
	纬向	0.2	肩宽的1/2
C	经向	0.3	占袖窿1/3，所以推0.3cm
	纬向	0.5	半胸围档差的1/4
D	经向	0	坐标基准线上的点，不放缩
	纬向	0.5	半胸围档差的1/4
E	经向	0.3	腰节档差为2/7，所以推0.3cm
	纬向	0.5	半胸围档差的1/4
F	经向	13	衣长档差2cm，减去0.7cm，为1.3cm
	纬向	0.5	分割线占前片胸围档差的1/2，所以推0.5cm
G	经向	0.3	腰节档差为2/7，所以推0.3cm
	纬向	0	坐标基准线上的点，不放缩
H	经向	0	坐标基准线上的点，不放缩
	纬向	0	坐标基准线上的点，不放缩
I	经向	0.5	同A点
	纬向	0.2	同A点
C_1	经向	0.3	同C点
	纬向	0.5	同C点

续表

代号	推档方向与推档量		放缩说明
D_1	经向	0	坐标基准线上的点，不放缩
	纬向	0.5	分割线占前片档差的1/2，所以推0.5cm
D_2	经向	0	坐标基准线上的点，不放缩
	纬向	1	半胸围档差的1/4
E_1	经向	0.3	同E点
	纬向	0.5	同E点
E_2	经向	0.3	腰节档差为2/7，所以推0.3cm
	纬向	1	胸围档差的1/4
F_1	经向	1.3	衣长档差为2cm，减去0.7cm，为1.3cm
	纬向	0.5	分割线占前片围档差的1/2，所以推0.5cm
F_2	经向	1.3	衣长档差为2cm，减去0.7cm，为1.3cm
	纬向	1	胸围档差的1/4
A_1	经向	0.7	袖窿深档差为胸围档差的1/6，等于0.67cm，推0.7cm
	纬向	0.2	直开领为颈围档差的1/5，即0.8/5=0.16cm，推0.2cm
A_2	经向	0.7	同A_1点
	纬向	0.2	同A_1点
A_3	经向	0.7	同A_1点
	纬向	0.2	同A_1点
A_4	经向	0.65	B点纵向变化量减去袖窿深变化量
	纬向	0.5	肩宽档差的1/2
A_5	经向	0.7	同A_1点
	纬向	0.2	同A_1点
A_6	经向	0.7	同A_1点
	纬向	0.2	同A_1点
I_1	经向	0.5	同I点
	纬向	0.2	同I点
E_3	经向	0.3	腰节档差为2/7，所以推0.3cm
	纬向	0	坐标基准线上的点，不放缩
F_3	经向	1.3	衣长档差为2cm，减去0.7cm，为1.3cm
	纬向	0	坐标基准线上的点，不放缩
G_1	经向	0.3	腰节档差为2/7，所以推0.3cm
	纬向	0	坐标基准线上的点，不放缩

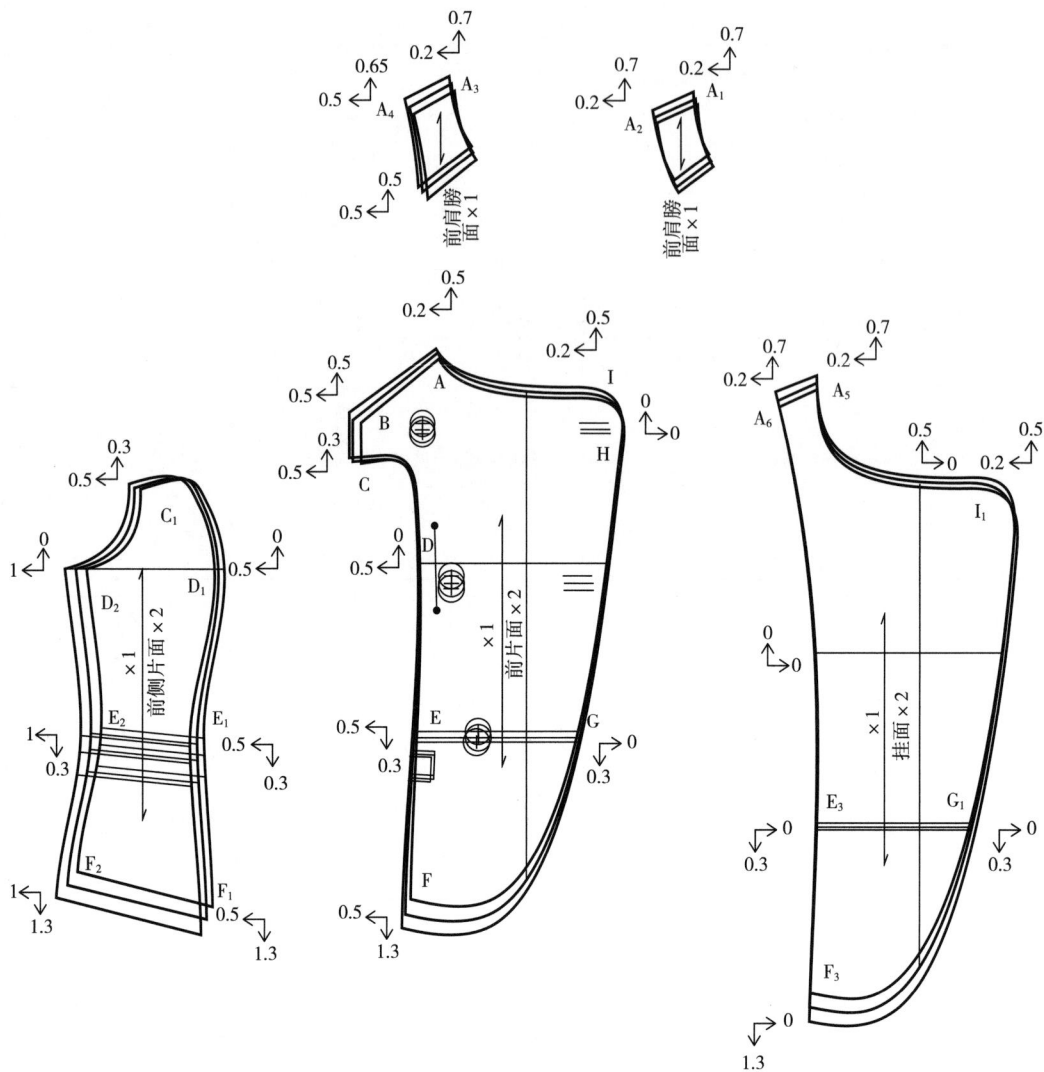

图 2-58　双排扣无领花苞袖合体女上衣前片推档图

2.后片推档

后片推档以后中心线、后胸围线为推档公共线。后片各部位推档方向与放缩说明见表2-10、推档如图2-59所示。

表2-10　后片推档数据及放缩说明

代号	推档方向与推档量（cm）		放缩说明
A	经向	0.65	衣长档差为2cm，将其分配，比颈肩点低，所以推0.65cm
	纬向	0	坐标基准线上的点，不放缩
B	经向	0.7	袖窿深档差为胸围档差的等1/6，等于0.67cm，推0.7cm
	纬向	0.2	直开领为颈围档差的1/5，即0.8/5=0.16cm，推0.2cm

续表

代号	推档方向与推档量（cm）		放缩说明
C	经向	0.65	B点纵向变化量减去袖窿深变化量
	纬向	0.5	肩宽档差的1/2
D	经向	0.3	D点占后片袖窿的1/2，所以推 0.65/2=0.325cm，推0.3cm
	纬向	0.5	胸围档差的1/4
E	经向	0	坐标基准线上的点，不放缩
	纬向	0	坐标基准线上的点，不放缩
F	经向	0	坐标基准线上的点，不放缩
	纬向	0.5	分割线占后片胸围档差的1/2，所以推0.5cm
G	经向	0.3	腰节档差为2/7，所以推0.3cm
	纬向	0	坐标基准线上的点，不放缩
J	经向	0.3	腰节档差为2/7，所以推0.3cm
	纬向	0.5	分割线占后片档差的1/2，所以推0.5cm
H	经向	0	坐标基准线上的点，不放缩
	纬向	0	坐标基准线上的点，不放缩
I	经向	0	坐标基准线上的点，不放缩
	纬向	0.5	分割线占半胸围档差的1/2，所以推0.5cm
I_3	经向	0	坐标基准线上的点，不放缩
	纬向	0.5	分割线占整个胸围档差的1/2，所以推0.5cm
I_4	经向	1.3	衣长档差为2cm，减去0.7cm，为1.3cm
	纬向	0.5	分割线占整个胸围档差的1/2，所以推0.5cm
D_1	经向	0.3	D点占后片袖窿的1/2，所以0.65/2=0.325cm，推0.3cm
	纬向	0.5	分割线占后片胸围档差的1/2，所以推0.5cm
F_1	经向	0	坐标基准线上的点，不放缩
	纬向	0.5	分割线占后片胸围档差的1/2，所以推0.5cm
F_2	经向	0	坐标基准线上的点，不放缩
	纬向	1	胸围档差的1/2
J_1	经向	0.3	腰节档差为2/7，所以推0.3cm
	纬向	0.5	分割线占后片胸围档差的1/2，所以推0.5cm

续表

代号	推档方向与推档量（cm）		放缩说明
J_2	经向	0.3	腰节档差为2/7，所以推0.3cm
	纬向	1	胸围档差的1/4
I_1	经向	0.5	分割线占后片胸围档差的1/2，所以推0.5cm
	纬向	1.3	衣长档差为2cm，减去0.7cm，为1.3cm
I_2	经向	1	胸围档差的1/4
	纬向	1.3	衣长档差为2cm，减去0.7cm，为1.3cm
B_1、C_1	经向	0.7	同B点
	纬向	0.2	同B点
B_2、C_2	经向	0.7	同B点
	纬向	0.2	同B点

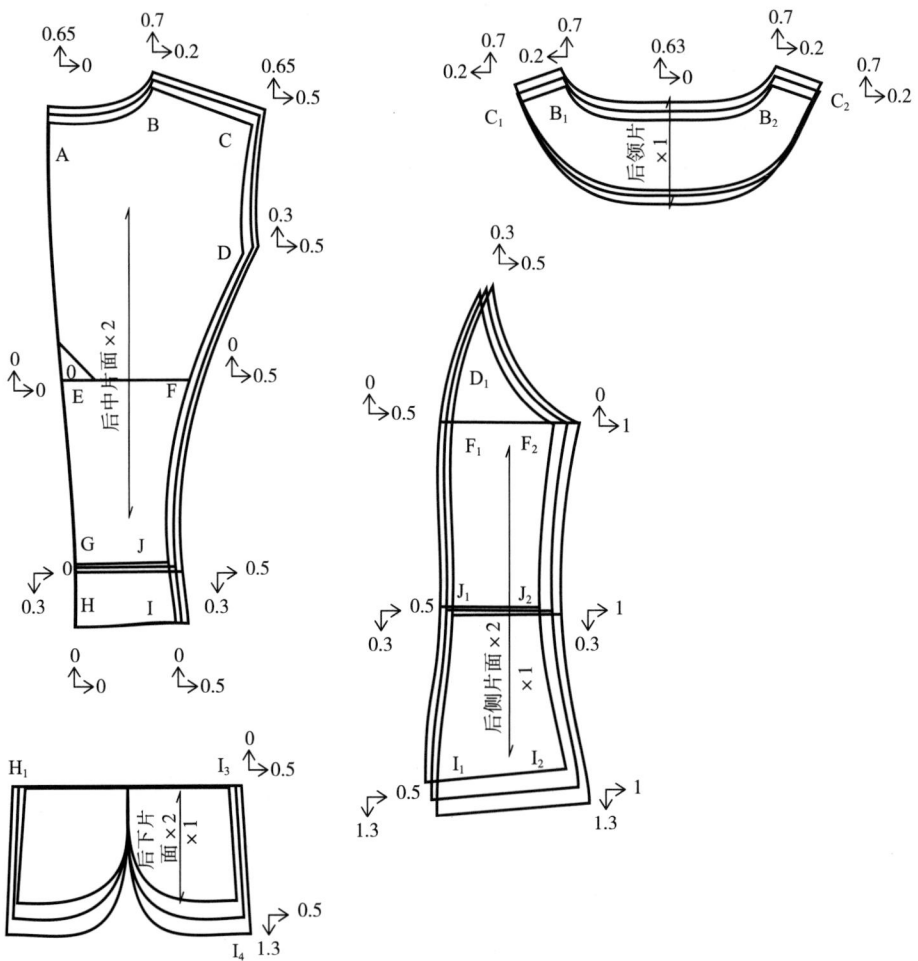

图 2-59　双排扣无领花苞袖合体女上衣后片推档图

3.袖片推档

袖中线和袖山深线作为袖片推档公共线，如图2-60所示。各部位推档数值及放缩说明见表2-11。

表2-11　袖片推档数据及放缩说明

代号	推档方向与推档量		放缩说明
A	经向	0.4	袖长档差为1.5cm，将其分配，推0.4cm
	纬向	0	坐标基准线上的点，不放缩
B	经向	0	坐标基准线上的点，不放缩
	纬向	0.8	袖底点推0.8cm
C	经向	0.35	袖中线为1.1/3≈0.36cm，推0.35cm
	纬向	0.6	在0.5~0.8取中间值
D	经向	1.1	袖长档差为1.5cm，去除顶点推档量0.4cm，所以推1.1cm
	纬向	0.5	袖口档差为0.5cm，所以推0.5cm
B₁	经向	0	同B
	纬向	0.8	同B
C₁	经向	0.35	同C
	纬向	0.6	同C
D₁	经向	1.1	同D
	纬向	0.5	同D

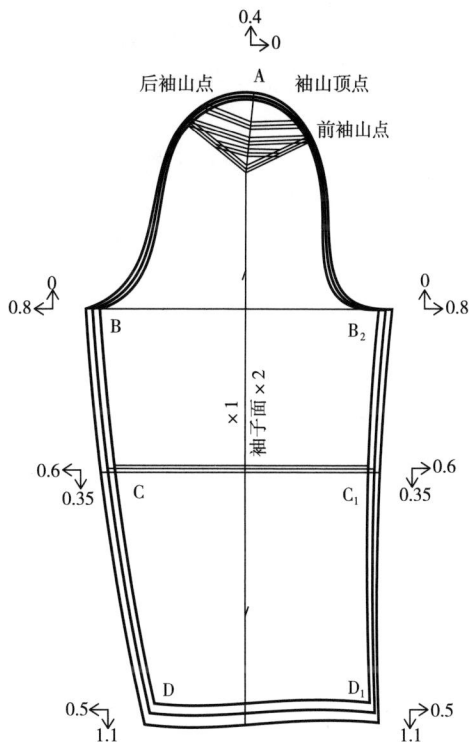

图2-60　双排扣无领花苞袖合体女上衣袖片推档图

（四）服装排料

1.**面料排料图**（图2-61）

2.**里料排料图**（图2-62）

3.**衬料排料图**（图2-63）

四、知识链接

（一）袖山弧线的画法

袖山上段造型用光滑弧线将前袖山点、袖山顶点、后袖山点三者连接光顺、美观。袖山下段造型必须分别与前、后袖窿弧线成相似形关系，即前袖山弧线与前袖窿弧线、后袖山弧线与后袖窿弧线分别相似，而且贴体的程度越大，两者的相似性就越大。贴体风格的袖山前、后凸量分别为1.8~1.9cm、1.9~2.0cm。较贴体、较宽松、宽松风格的袖山前、后凸量则分别逐减0.1cm左右。

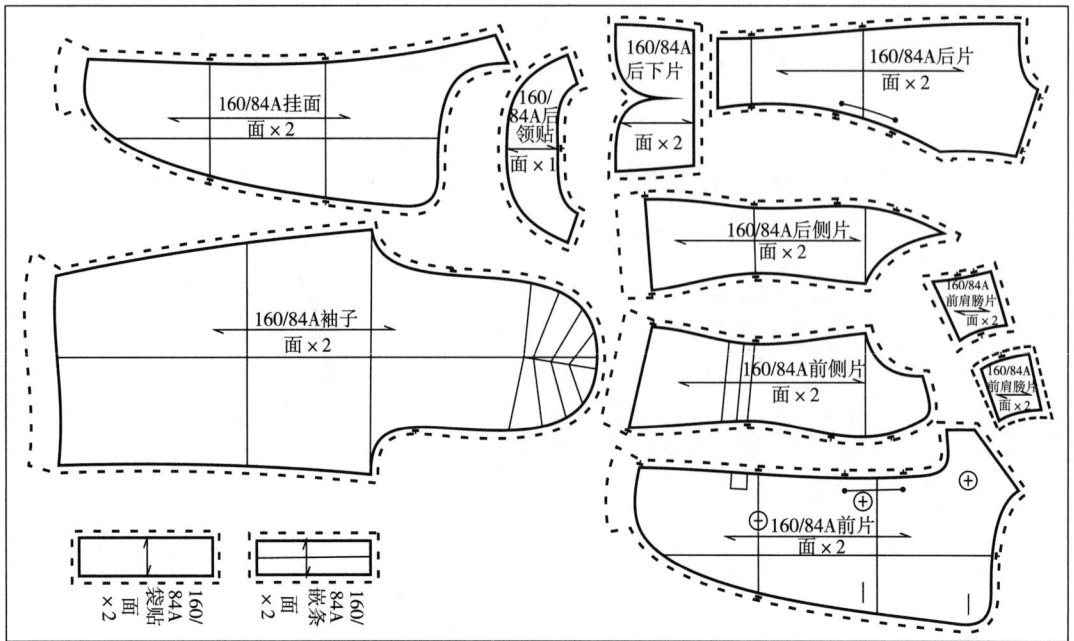

图 2-61　双排扣无领花苞袖合体女上衣面料排料图

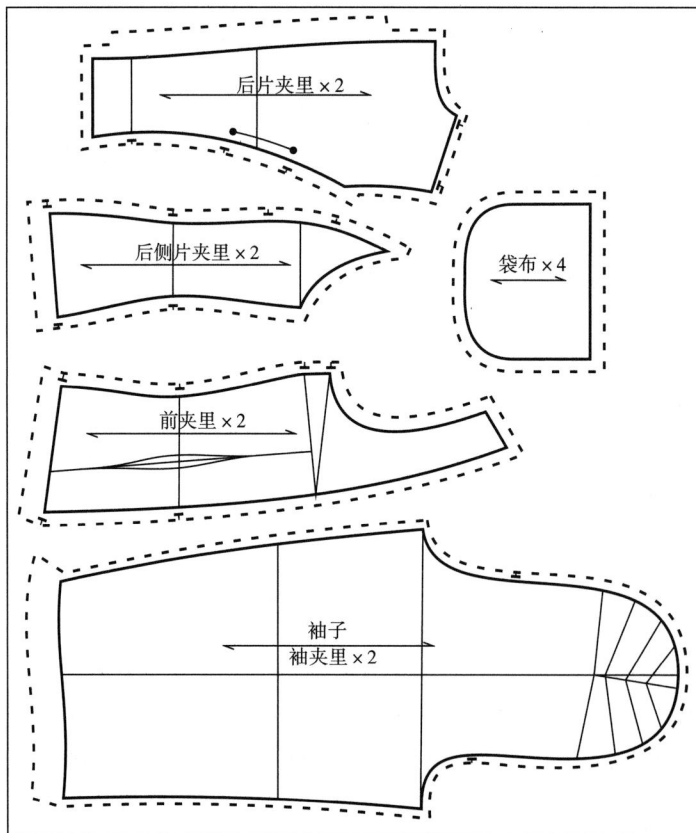

图 2-62　双排扣无领花苞袖合体女上衣里料排料图

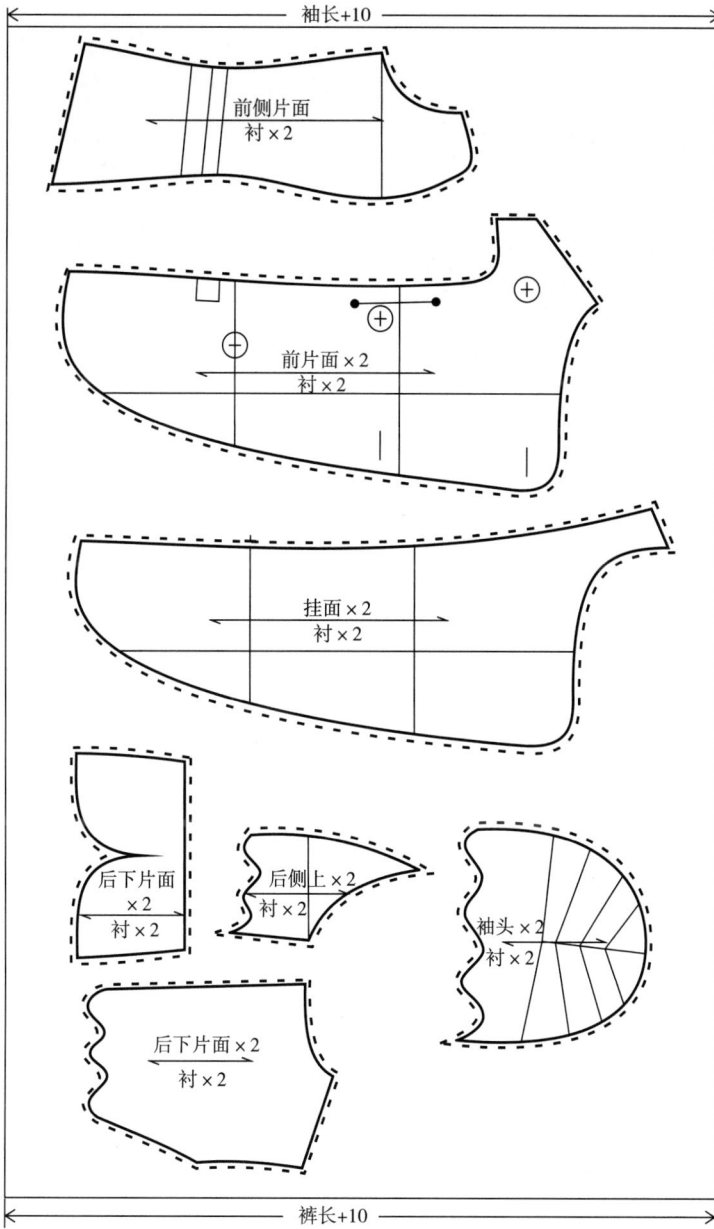

图 2-63 双排扣无领花苞袖合体女上衣衬料排料图

（二）袖山、袖窿对位点位置

图 2-64 中 A、B、SP、C、D 五个点为袖山与袖窿的对位点。

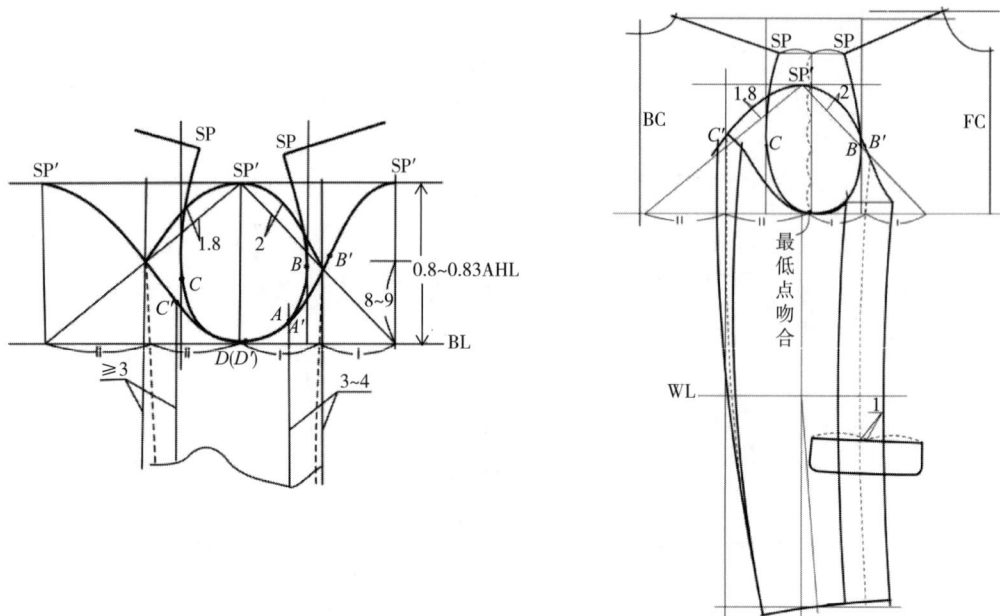

图 2-64　袖山与袖窿的对位点

五、项目评价

项目评分表同模块一项目一。

🖋 职业技能鉴定指导

一、选择题

1.省是对服装进行立体处理的一种手段，是表现人体曲面的重要因素。从几何角度来看，省的缝合可以使平面的衣料形成（　　）。

A.三角面、长方形面　　　　　　　B.圆锥面、三角面

C.圆锥面、类球面　　　　　　　　D.扇面、长方形面

2.上衣胸省的设计命名主要有（　　）。

A.腰省、横省　　　　　　　　　　B.袖窿省、肩省

C.领口省、门襟省　　　　　　　　D.综上所述

3.尽管前衣身所有省道在缝制时很少缝至胸高点，但在省道转移时，则要求所有的省道线必须或尽可能到达BP点。省道的转移方法有（　　）。

A.角度移位法　　　　　　　　　　B.纸样旋转移位法

C.剪开折叠移位法　　　　　　　　D.以上三种方法均可

4.衣领是服装中至关重要的一个部位，式样繁多，极富变化。领子分为（　　）。

A.立领、翻领　　　　　　　　　　B.无领和有领

C.驳领、荷叶边领　　　　　　　　D.飘带领、花式领

5.翻驳领是前门襟敞开呈 V 字的领型,它由（ ）组成。

　A.领座、翻领、驳头　　　　　　　　B.底领、领面

　C.上领、下领　　　　　　　　　　　D.领座、翻领

6.不同形式的分割线,在服装中的作用是不同的。按照线型来分可以分为（ ）。

　A.水平分割、垂直分割　　　　　　　B.斜线分割、弧线分割

　C.各种组合分割　　　　　　　　　　D.以上三种都是

7.颈部的形状决定了衣领的基本结构,由于颈部呈不规则的圆台状及向前倾斜的特点,因此,形成领的造型基本上是（ ）。

　A.后领座窄,前领角宽　　　　　　　B.后弯前平

　C.后领座宽,前领角窄　　　　　　　D.后平前弯

8.（ ）是前、后衣片的分界部位,是服装的主要支撑点。

　A.肩部　　　　　　　　　　　　　　B.胸围

　C.衣长　　　　　　　　　　　　　　D.领围

9.拉链在服装上的功能分为实用与装饰两种,下面哪些是属于拉链的实用功能（ ）。

　A.隐蔽性强　　　　　　　　　　　　B.密封性好

　C.方便灵活　　　　　　　　　　　　D.以上三种都是

10.服装打板时要考虑加放缩率,因为原料在（ ）过程中会产生收缩现象。

　A.包装、缝纫　　　　　　　　　　　B.缝纫、熨烫

　C.熨烫、包装　　　　　　　　　　　D.打板、缝纫

二、判断题

1.省道是为适合体型及造型的需要将部分衣料折叠熨烫而成,由褶面和褶底组成。（ ）

2.分割缝是为符合体型和造型需要,将衣身、袖身、裙身、裤身等部位进行分割而形成的缝子。（ ）

3.分割线对服装造型与合体性起着主导作用,它既能使服装适应人体的曲面特征,又能塑造出丰富多彩的外观造型,既有装饰性又有功能性。（ ）

4.功能性分割线是指为了造型的需要,附加在服装上起装饰作用的分割线,分割线所处部位、形态、数量的改变会引起服装造型艺术效果的改变,但不会引起服装整体结构的改变。（ ）

5.水平分割我们通常也称为横向分割,给人以平稳、加宽、柔和的感觉。多条横向分割的组合,能使服装产生韵律感。（ ）

6.垂直分割也称竖向分割,这种分割能产生使视线上下移动的效果,能使穿着者显得瘦长。用于女衬衫具有秀丽挺拔的感觉。（ ）

7.工业制图时一般先制前衣片,再制后衣片。（ ）

8.女肩窄于男肩,使相同条件下的女装肩宽小于男装肩宽;女肩斜大于男肩,决定了

相同条件下，女装前、后肩缝线的平均斜度大于男装；女肩膀头前倾度大于男肩膀头，决定了女装前、后肩斜度差大于男装。（　　）

9. 女性一般较男性肩狭而斜，肩头的前倾使得一般服装后肩斜线略短于前肩斜线（　　）。

10. 拉链具有一定的收褶作用，如拉链用在袖口、裤口处，能使该部位更加合体。（　　）

三、操作题

请根据尺寸规格和所提供的材料，对下列戗驳领哥特短袖女上衣进行工业制板、放缝和推档。

尺寸规格表　　　　　　　　　　　　单位：cm

部位	尺码			档差
	155/80A（S）	160/84A（M）	165/88A（L）	
后中长	50	52	54	2
背长	35.5	36.5	37.5	1
胸围	88	92	96	4
腰围	70	74	78	4
肩宽	33	34	35	1
袖长	21	22.5	24	1.5
袖口	29	29.5	30	0.5

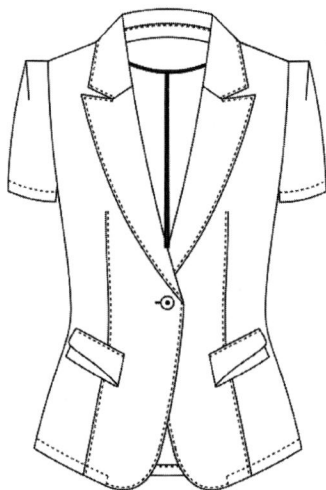

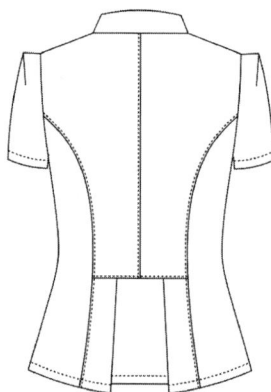

参考答案

一、选择题

1.C　2.D　3.D　4.B　5.A　6.D　7.C　8.A　9.D　10.B

二、判断题

1.×　2.√　3.√　4.×　5.√　6.√　7.×　8.√　9.×　10.√

三、操作题（参考答案）

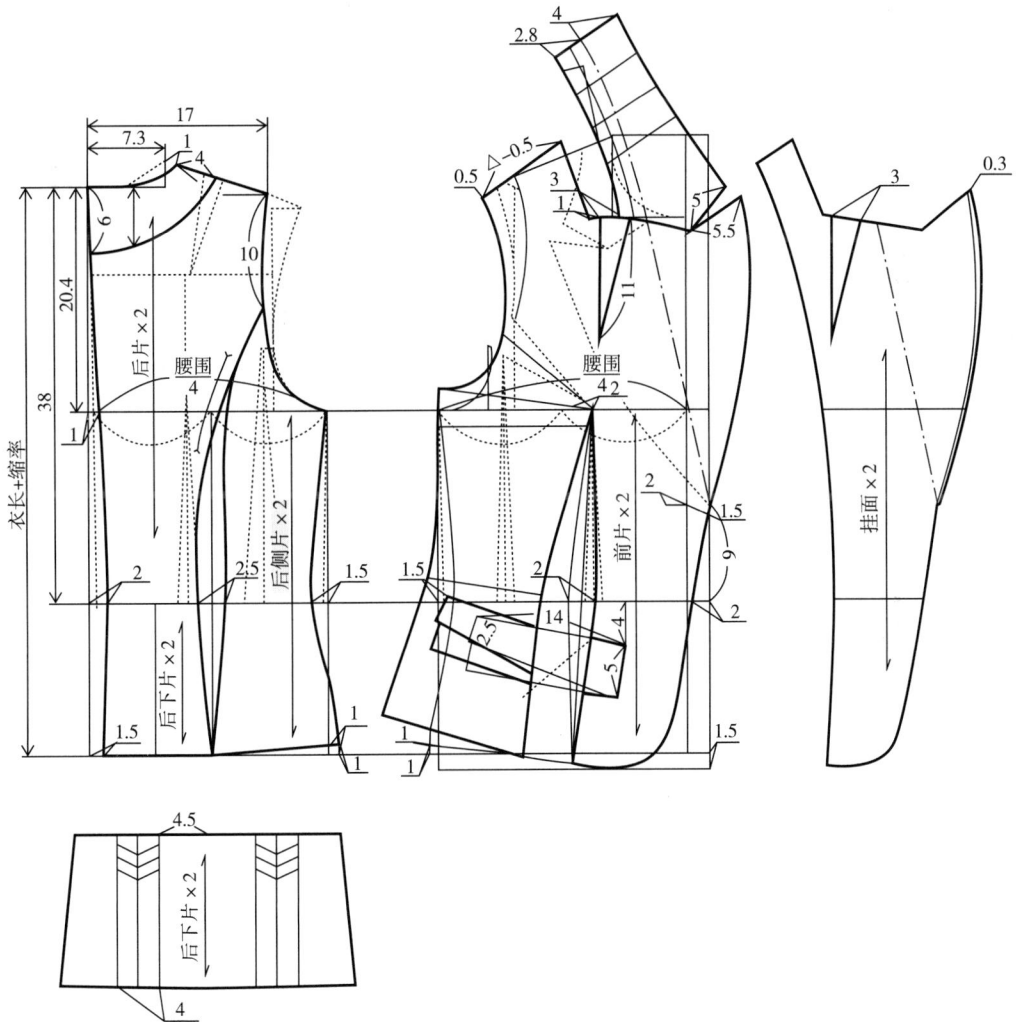

枪驳领哥特袖衣身结构设计 160/84A

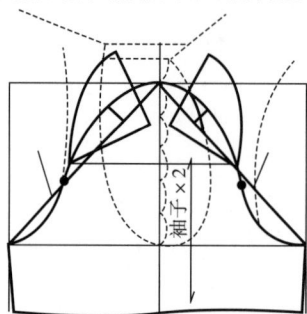

根据款式特征抬高袖山（1/2袖深切开）

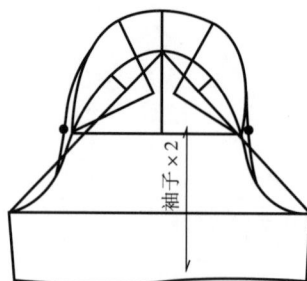

展开后修顺袖山

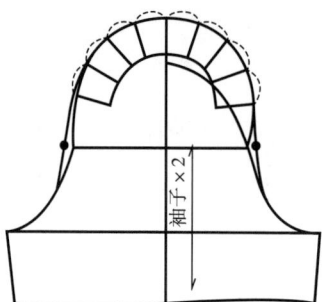

确定抬袖的宽度及造型

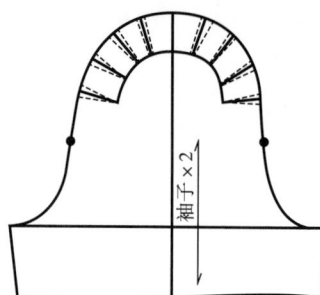

用省道将袖山增加的量进行消除分散

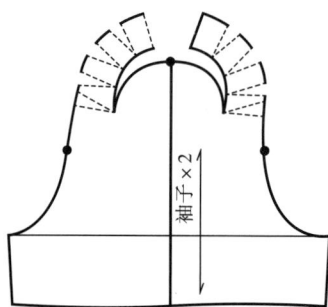

合并省道1

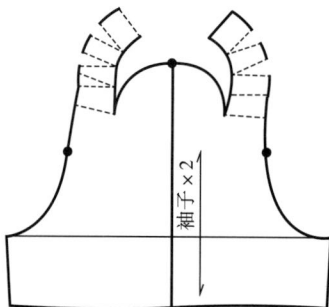

合并省道2

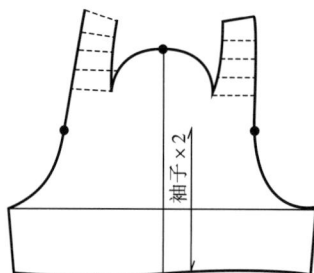

合并省道3

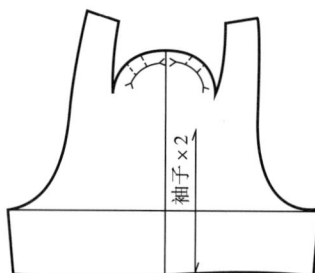

修顺结构线

哥特袖结构设计 160/84A

模块三

男装工业样板制作与推档

知识目标

1. 学习休闲男上装工业制板的相关基础知识。

2. 学习休闲男装、男夹克衫等工业制板的方法，通过详细的步骤讲解进一步熟悉富怡服装CAD制板与推档的工具和方法。

3. 学习插肩袖结构制图的方法。

4. 学习夹克衫的特点及工业制板方法。

技能目标

1. 掌握常用男装工业制板的方法。

2. 掌握夹克衫类服装门襟、分割线等的工业制板方法。

3. 掌握插肩袖类服装的制图要点并能举一反三。

4. 掌握服装工业样板放缝的夹角处理技术，并能在实际制板中熟练应用。

模块导读

本模块内容取自企业的外贸订单，共选取立领男夹克衫、翻领贴袋男夹克衫和插肩袖男式双面穿羽绒服三款有代表性的男装进行讲解和训练，根据业务部下达的生产通知单（客户资料）进行任务分析，并按照初样制板—初板确认—样板推档放缩—服装排料等过程进行任务实施，并穿插男装商品技术规格细部控制、色牢度的试验、男装包装具体要求、男夹克衫概述等，通过必备知识的讲解，能更快更好地掌握本模块要点。

项目一　立领男夹克衫工业样板制作与推档

一、项目描述

这是一款外贸生产订单服装。根据款式描述和客户资料分析，对立领男夹克衫进行工业制板，并进行放缝、推档和排料。

二、项目分析

（一）款式描述

此款为立领男夹克衫（图3-1）。采用内倾立领，前身采用圆弧形分割线，前胸处设斜向护翼袋，袋口藏在缝内，下摆左、右各有一个斜插袋，拼装外门襟，门襟上锁平头扣眼。袖口和下摆装罗纹。后片设横向育克分割，后背纵向分割，左袖子上开拉链袋。

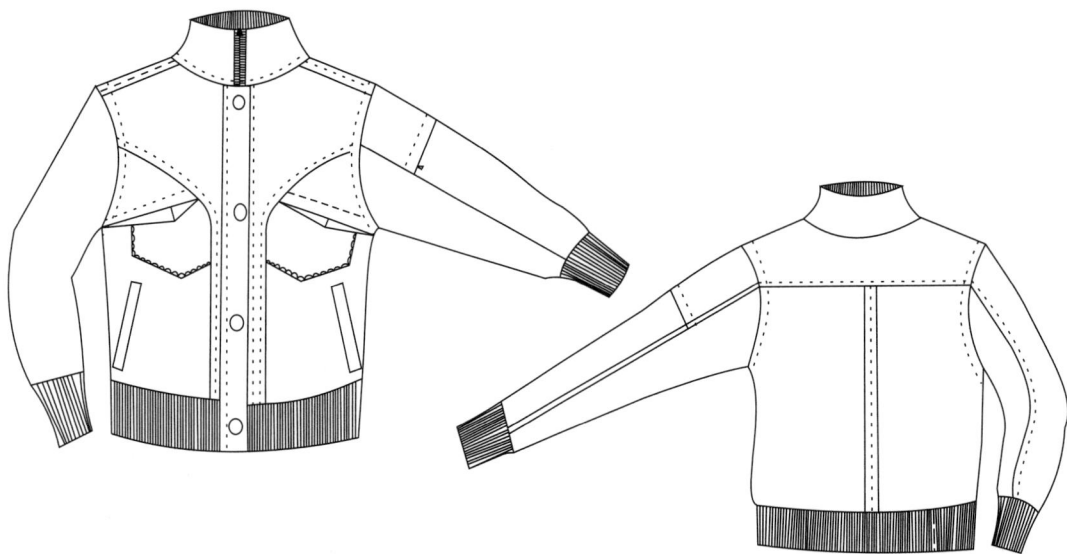

图 3-1　立领男夹克衫款式图

（二）客户资料分析

规格见表表3-1。

表3-1　立领男夹克衫成衣规格表（经缩2%，纬缩5%）　　　　单位：cm

部位	S	M	L	XL	XXL
后中长（含下摆）	69	71	73	75	77

续表

部位	S	M	L	XL	XXL
1/2 胸围	66	68	70	72	74
1/2 下摆（收缩后）	46	48	50	52	54
1/2 下摆（收缩前）	66	68	70	72	74
肩宽	52	54	56	58	60
袖窿（直量）	28	29	30	31	32
袖长（连克夫）	64	65	66	67	68
袖口大（收缩前）	18	18.5	19	19.5	20
袖口大（收缩后）	9.5	10	10.5	11	11.5
袖口高	7				
前领深	9				
后领深	2				
领口宽	20	21	22	23	24
上领围	52	54	56	58	60
下领围	54	56	58	60	62
前领面宽	11.5				
后中领高	11.5				
斜插袋嵌线宽	3				
斜插袋袋口长	15	15	16	16	17
肩到斜插袋袋口	47				
斜插袋上袋口至前中	18				
斜插袋下袋口至前中	25				
后育克中线高	12	12	12	13	13
护翼袋上袋口长	17	17	18	18	19
护翼袋袋高	11	11	12	12	13
护翼袋上袋盖长（最长）	3	3	3	3	3
护翼袋上袋口至肩	28				
前门襟宽	6				
下摆罗纹长	72	76	80	84	88
袖口大	20	21	22	23	24
下摆罗纹高	7				
袖袋距肩	18				
袖中拼块宽	19	19	19	20	20
袖袋盖宽	2.5				

三、项目实施

（一）初样制板

选取中间号"L"进行初样制板。前、后片及零部件制板如图3-2所示。此款夹克衫制板采用重叠制图法，先画后片，再在后片的基础上画前片，可提高效率，加强准确度。由于本款订单客户提供的是成品规格尺寸，所以在制板时需要加入经、纬缩率，计算出水洗前尺寸才能进行制板。本款夹克衫制板，经向缩率为2%，纬向缩率为5%。

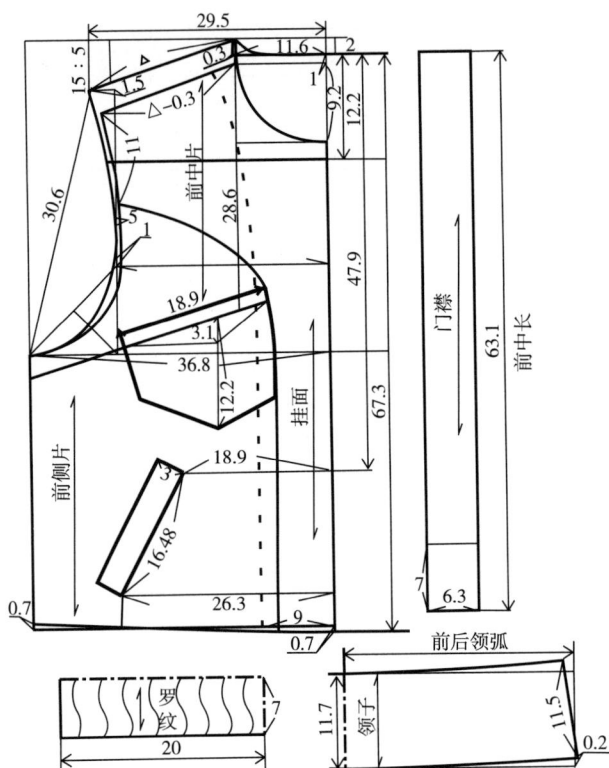

图3-2　立领男夹克衫前、后片及零部件制板

1.后片制板公式与要点

（1）后中长=（后中长−下摆罗纹高）÷（1−2%）=67.3cm。

（2）后胸围=$\dfrac{胸围}{4}$÷（1−5%）=36.8cm。

（3）后领深=后领深÷（1−2%）=2cm。

（4）后领宽=$\dfrac{领口宽}{2}$÷（1−5）=11.6cm。

（5）后肩宽=$\dfrac{肩宽}{2}$÷（1−5%）=29.5cm。

（6）肩斜比值=15：5。

（7）袖窿斜线=袖窿（直）÷（1−2%）=30.6cm。

（8）后背宽：后肩点水平向右量1.5cm。

（9）后育克中线高=后育克中线高÷（1−2%）=12.2cm。

2.前片制板公式与要点

（1）前衣片上平线=后领深处向下1cm。前肩宽=后肩宽−0.3=29.2cm（Δ−a3）。

（2）前领宽：前横开领比后横开领小0.3cm，为11.6−0.3=11.3（cm）。

（3）前直开领=前领深÷（1−2%）=9.2cm，为11.6−0.3=11.3（cm）。

（4）前胸宽：后背宽向右量1cm。

（5）前衣片下摆边前中线处加长0.7cm，侧缝起翘0.7cm。

3.袖片制板公式与要点（图3−3）

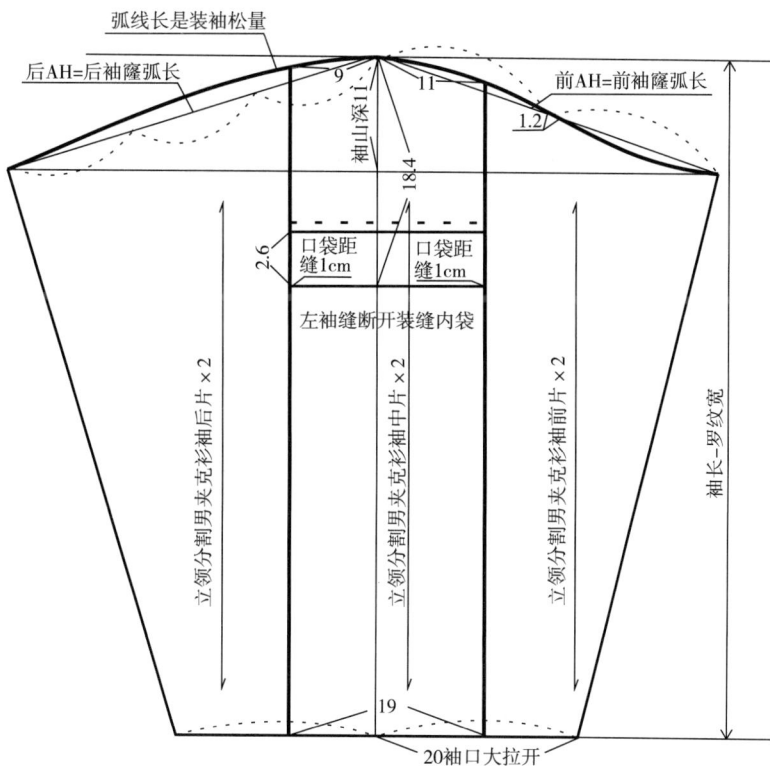

图3−3　立领男夹克衫袖片制板

（二）服装样板放缝

有分割线立领男夹克衫的服装样板放缝如图3−4所示。服装工业样板的夹角处理方法如图3−5所示。

1.拼接缝长度相等要求

衣片拼接缝合部位，注意长度相等，长度长于40cm的线条，必须做出对位标记。

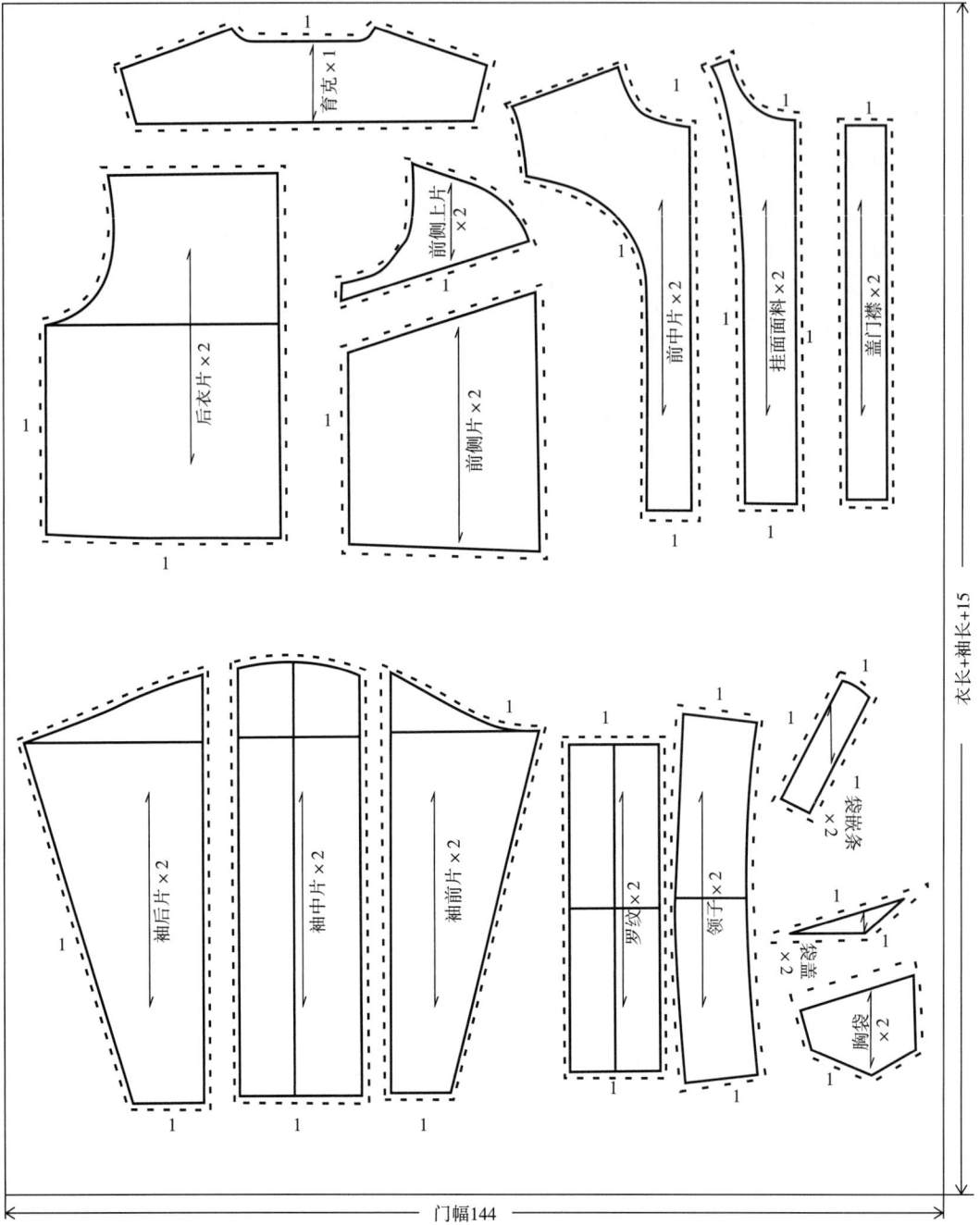

图3-4 立领男夹克衫衣片及零部件放缝图

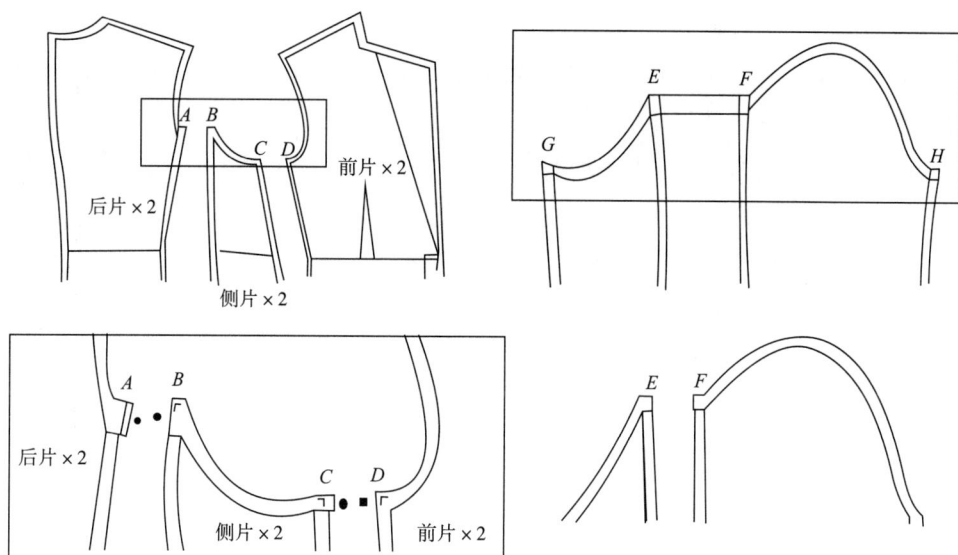

图 3-5　夹角处理方法

2.反转角对称与复合

衣片有折边的部位，所折叠的部分应与衣身保持一致，一般以衣身部位形状沿折边对称，如刀背分割的两片、大小袖片等。

（三）服装工业样板的标记方法

1.定位标记

样板上的定位标记方法主要有剪口（刀眼）和钻眼（打孔）两种，具有标记宽窄大小、位置等作用。

（1）剪口：用来标明部位，在裁片的边缘处打剪口，一般为0.5cm深、0.2cm宽。

①缝份和折边的宽窄。

②收省的位置和大小。

③开衩的位置。

④零部件的装配位置。

⑤贴袋、袖口、底边等折边的位置。

⑥缝合装配时，相互对称与对应点。

⑦裁片对条、对格位置。

⑧裁片区分标记（左右、前后等）。

（2）钻眼：用来标明部位在裁片的位置，钻眼的孔径一般不超过0.5cm，约0.3cm。

①收省长度，钻眼一般比实际省长短1cm。

②橄榄省的大小，钻眼一般比实际收省的大小两边各偏进0.3cm。

③装袋和开袋的位置和大小，钻眼一般比实际大小偏进0.3cm。

所有定位标记对裁剪和缝制都起一定的指导作用，因此必须按照规定的尺寸和位置打准。

2.文字（或符号）标记

样板上除了定位标记外，还必须有必要的文字标记，其内容包括：

（1）产品号型：合约号、款号等。

（2）产品名称：具体的产品品种名称。

（3）产品规格：尺码S、M、L；数字、号型规格等。

（4）样板种类：面料、里料、衬料、辅料、工艺等。

（5）样板的名称或部件：该样板在产品构成中的部位名称。

（6）丝缕线：所用材料的经向标志。

（7）裁片数：该样板所用裁片数量。

（8）特殊要求：需要利用衣料光边或折边的部位应标明。

（四）服装样板推档

该款服装推档图，如图3-6所示。

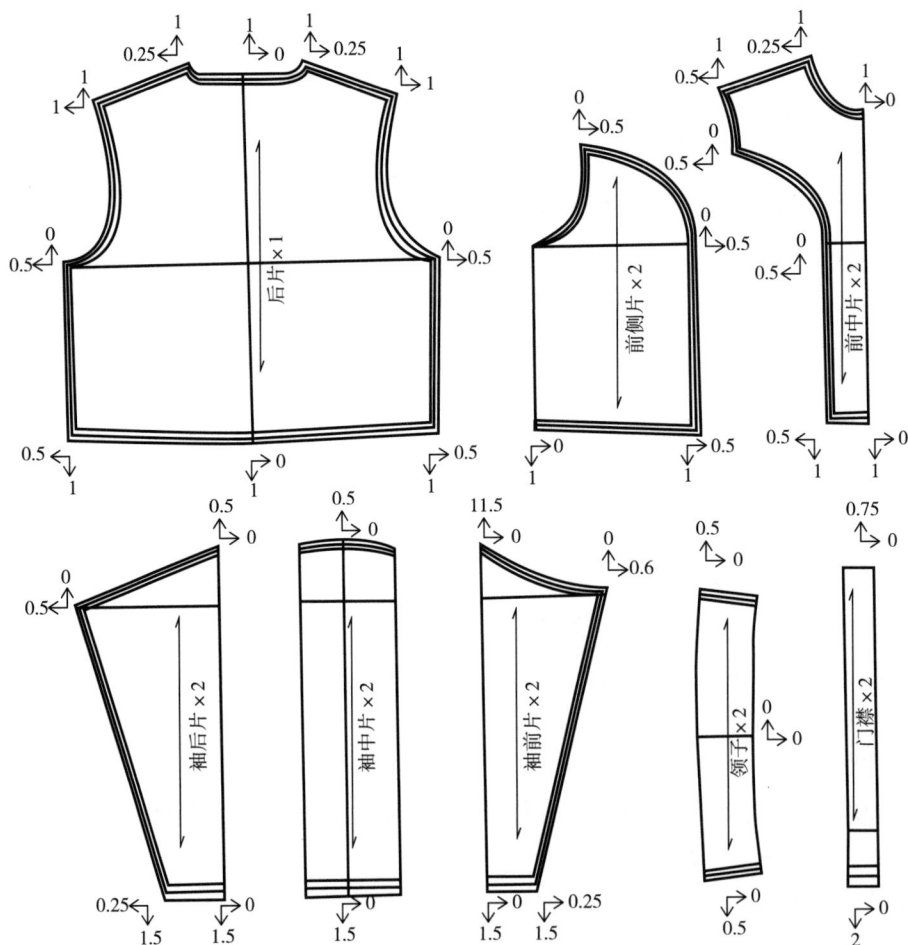

图3-6　立领男夹克衫衣片及零部件推档

四、知识链接

（一）男装商品技术规格细部控制（表3-2~表3-8）

表3-2　衬衫细部规格控制　　　　　　　　　　　　　　单位：cm

名称	细部量法	号型规格		
		170/88A	175/92A	180/96A
胸围	腋下1cm平行围量一周	108	114	120
腰围	腰节处平行围量一周	108	114	120
摆围	左下摆边到右下摆边	106	112	118
后中长	后中线从后颈点竖量至底边	73	75	77
肩宽	左肩端点至右肩端点	48	49	50
短袖长	肩端点量至袖口	22	23	24
长袖长	肩端点量至袖口	61.5	62.5	63.5
袖口大	袖口从左向右平量	18	19	20
1/2袖窿	肩端点至胸围线直量	27	28	29
领圈	拉链拉好量取横开领大	39	41	43
胸袋位	距前中线距离	5	5.5	6
胸贴袋位	距肩缝线距离	19.5	20	20.5

表3-3　男西装细部规格控制　　　　　　　　　　　　　单位：cm

细部规格	量法	170/88A	175/92A	180/96A
胸围	腋下1 cm平行围量一周	110	115	120
腰围	腰节处平行围量一周	98	102	108
摆围	左下摆边平量至右下摆边	108	112	116
前衣长	前颈点至底边垂直长度	76	78	80
肩宽	左肩端点至右肩端点	46	47.5	49
1/2肩袖长	从后颈点过肩端点至袖口	76	76.5	77.7
袖长	从袖山至袖口	61	61	62
1/2袖窿	沿袖窿线量	29	30.25	31.5
1/2袖肥	袖底平量	21.5	22.4	23.3
袖口大	袖口从左向右平量	15	15.5	16

表3-4　春夏季男装（合身薄型毛衣）细部规格控制　　　　　　　单位：cm

细部规格	170/88A	175/92A	180/96A
衣长	根据款式要求定		
胸围	97	102	107
摆围	97	102	107
肩宽	45	46.5	48
长袖长	60	61	62
短袖长	22	23	24
1/2 袖窿	24	25	26
1/2 袖肥	20	21	22
1/2 长袖袖口大	10.5	11	11.5
短袖袖口大	16	16	17
合身型套衫	注意领围纬度最小可拉开到57 cm，以便穿着舒适		

注　1.春夏宽松薄毛衣需根据设计意图另定规格。

　　　2.摆围尺寸根据款式造型的不同做适当调整。

表3-5　秋冬男装（宽松便装）基本尺寸控制　　　　　　　　　单位：cm

细部规格	量法	170/88A	175/92A	180/95A
胸围	腋下1 cm平行围量一周	120	125	130
腰围	腰节处平行围量一周	依款式定，一般宽松便服不收腰		
摆围	左下摆边平量至右下摆边	117	122	127
后中长	后中线从后颈点至底边	依款式定		
肩宽	左肩点至肩点	50.5	52	53.5
肩袖长	从后颈点过肩点至袖口	86.5	89	91.5
袖长	从袖山至袖口边	61.5	62.5	63.5
1/2 袖窿	沿袖窿弧线量	27.5	30	32.5
1/2 袖肥	袖底平量	23	24	25
袖口大	从左向右平量	16	16.5	17
领围	立领上口平量	53	54	55

注　1.腰围与摆围依照设计款式需要可适当修改。

　　　2.领围尺寸指立领上口尺寸，依款式可适当修改，但不可小于50cm。

表3-6 秋冬男装（夹克类）基本尺寸控制 单位：cm

细部规格	量法	170/88A	175/92A	180/96A
胸围	腋下1 cm平行围量一周	126	131	136
摆围	底边平行围量一周	123	128	133
后中长	后中线后颈点至底边	依款式定		
肩宽	左肩端点至右肩端点	50.6	52	53.4
肩袖长	从后颈点过肩点至袖口	88	89.5	91
袖长	从袖山至袖口	62.5	63.5	64.5
1/2袖隆	沿袖隆弧线量	30	32	34
1/2袖肥	袖底平量	23	24	25
袖口大	从左向右平量	15	15.5	16
领围	立领上口平量	53	54	55

注 1.以上是基本尺寸，如有款式上需要可做适当调整。

2.样板与成衣量法一致。

3.领围特指领上口领围。

表3-7 男便装细部规格控制 单位：cm

细部规格	量法	170/88A	175/92A	180/96A
胸围	腋下1cm平行围量一周	115	120	125
腰围	腰节处平行围量一周	110	115	120
摆围	左下摆边平量至右下摆边	113	118	123
后中长	后中线从后颈点至底边	依款式定		
肩宽	左肩端点至右肩端点	47.6	49	50.4
肩袖长	从后颈点过肩端点至袖口	85.3	87	88.7
袖长	从袖山至袖口边	62.5	63.5	64.5
1/2袖隆	沿袖隆弧线量	26	28	30
1/2袖肥	袖底平量	21.5	22.5	23.5
袖口大	袖口从左向右平量	14	15	16
领围	立领上口平量	53	54	55

表3-8　男装算料参考表　　　　　　　　　　　　　　　　单位：cm

类别	胸围（cm）	门幅		
		90	113	72（双幅）
短袖衬衫	110	衣长×2+袖长，胸围每增大3cm，另加料5cm	衣长×2，胸围每增大3cm，另加料3cm	—
长袖衬衫	110	衣长×2+袖长，胸围每增大3cm，另加料5cm	衣长×2+20cm，胸围每增大3cm，另加料3cm	—
中山装两用衫	110	衣长×2+袖长+20cm，胸围每增大3cm，另加料5cm	—	衣长+袖长+10cm，胸围每增大3cm，另加料3cm
单排纽西装	110	衣长×2+袖长+20cm，胸围每增大3cm，另加料5cm；里子=衣长×2+袖长+2cm	—	衣长+袖长+10cm，胸围每增大3cm，另加料3cm
双排纽西装	110	衣长×2+袖长+30cm，胸围每增大3cm，另加料5cm；里子=衣长×2+袖长+10cm	—	衣长×2+3cm，胸围每大3cm，另加料3cm
西装马甲	93	衣长+5cm（裁前片）；衣长×2（裁后片）	—	衣长×2+5cm（两件前片套裁）
短大衣	120	衣长×2+袖长+20cm	—	衣长+袖长+30cm，胸围每增大3cm，另加料10cm
长大衣	120	衣长×2+袖长+7cm	—	衣长×2+6cm，胸围每增大3cm，另加料3cm
男短裤	107	（裤长+5cm）×3cm，两条套裁臀围不超过107cm	—	无卷脚=裤长+6cm
男长裤	107	（裤子+10cm）×3=两条裤子，臀围超过107cm不宜套裁	（裤长+10cm）×4=三条裤子	无卷脚=裤长+6cm；有卷脚=裤长+10cm
男裤套装	106	—	—	2cm×2+裤长，臀围每增大3cm，另加料5cm

续表

类别	胸围（cm）	门幅		
		90	113	72（双幅）
男三件套	106	—	—	衣长×2+裤长+35cm，胸围每增大3cm，另加料3cm
备注		—	臀围超过107cm不宜套裁	裤子臀围超过113cm，每增大3cm，另加料3cm

（二）色牢度的试验

色牢度试验也称染色牢度测试，是指对经过磨擦、熨烫、皂烫、皂洗等试验的面料进行其染色牢度的测试。色牢度的试验方法有：

（1）磨擦色牢度试验：是对摩擦后的试样进行观察，看其染色的牢度。

（2）熨烫色牢度试验：将试样进行熨烫，待冷却后观察其染色牢度。

（3）水洗色牢度试验：是指对经过激烈水洗涤后试样进行观察，看其染色牢度。

（三）男装包装具体要求

1.胶袋包装

（1）各尺寸的货品折叠装入对应的胶袋中，折叠时放入印有公司标志的簿衬纸。

（2）包装袋外要贴条形码，贴在距上端8cm居中处。

（3）尺寸唛、成衣价格贴、标准贴、包装袋价格贴（同成衣价格贴）、包装袋尺码，须与包装成衣相吻合。

（4）有纽扣的须配置备纽。

2.纸箱要求

（1）纸箱外A4纸标明货品编号、颜色、尺码、数量。

（2）在数量允许的情况下，依次保证单箱包装：同款号、同颜色、同尺码；同款号、同颜色、不同尺码；同款号、不同颜色、同尺码；同款号、不同颜色、不同尺码。

（3）不允许不同款号货品混装。

五、项目评价

项目评价内容可参照项目一进行操作。

项目二　翻领贴袋男夹克衫

一、项目描述

这是一款外贸生产订单服装。根据款式描述和客户资料分析，对翻领贴袋男夹克衫进行工业制板，并进行放缝、推档和排料。

二、项目分析

（一）款式描述

此款为翻领贴袋男夹克衫（图3-7），采用翻领结构，前片肩部采用方形育克分割，前胸左、右分别设一个带盖贴袋，贴袋下两条竖向装饰贴条通至底摆腰克夫处；左、右衣身各有一个一字嵌线挖袋，侧缝下摆处各一个三角形的拼片。门襟钉五粒工字扣，下摆装腰克夫。后片设背中缝，下摆处采用弧形分割，后片腰克夫装收缩襻，钉两粒工字扣。袖子采用一片分割袖，装袖克夫。领子、前胸袋下贴条、袖克夫和腰克夫均采用羊羔绒面料，边缘露出0.5cm的毛边做装饰。所有的分割缝和口袋四周均采用双明线缉线（第一条明线距止口0.15cm，第二条明线与第一条明线间隔0.6cm）。

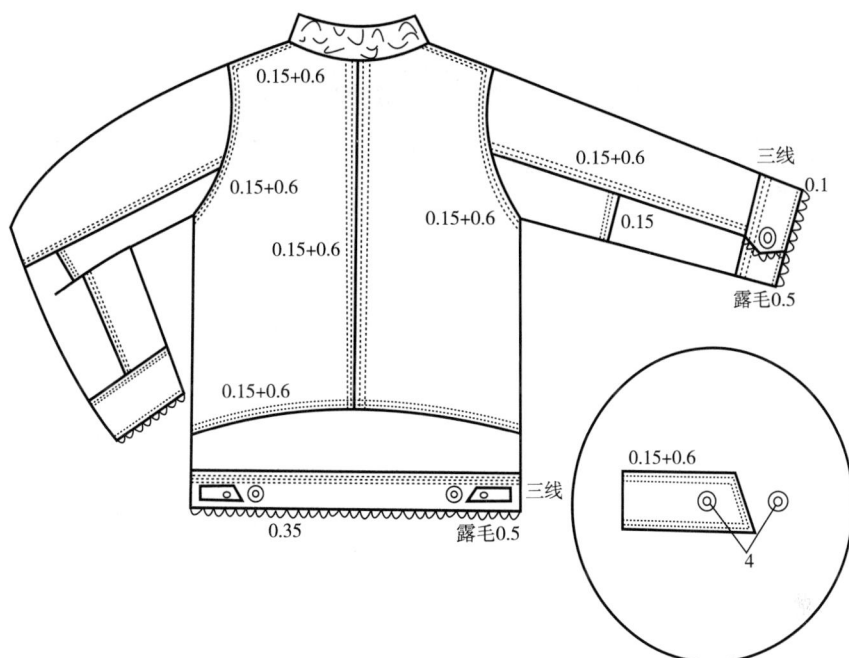

图 3-7 翻领贴袋男夹克衫款式图

（二）客户资料分析

1. 水洗前规格表（表 3-9）

本款夹克衫给出的成品规格是水洗前尺寸，也是制板采用的尺寸，已经包括缩率，因此制板时无须再加入缩率。

表 3-9 翻领贴袋男夹克衫成品规格表 单位：cm

部位	S 号	M 号	L 号	XL 号	XXL 号
1/2 胸围（腋下 2.5cm）	55	59	63	67	71
1/2 下摆围	52	56	60	64	68
后中长	67	69	72	73	74
袖长（袖山到袖口）	64	65	66	67	68
袖窿直量	27	28	29	30	31
袖肥（最宽处）	25	26	27	28	29
中袖	19	20	21	22	23
袖头长	13	13.5	14	14.5	15
袖头宽	4.5	4.5	4.5	4.5	4.5
肩宽	50	52	54	56	58

续表

部位	S号	M号	L号	XL号	XXL号
前领角长	9	9	9	9	9
后领中线高	8.5	8.5	8.5	8.5	8.5
领围（不含拉链）	44	46	48	50	52
前胸袋盖宽	13.5	13.5	14.5	14.5	15.5
前领深	10	10.5	10.5	11	11
后肩线长（实际肩长）	16	17	18	19	20
前胸贴袋宽	13	13	14	14	15
前胸贴袋高	14	14	15	15	16
袋盖高	5	5	5	5	5
插袋长（套结到套结）	16	16	16	16	16
插袋嵌条宽	2.5	2.5	2.5	2.5	2.5
斜插袋距前贴片的缉线距离	3	3	3	3	3

2. 配料单（表3-10）

表3-10　配料单

面料	14坑灯芯绒 羊羔绒，咖啡色（门襟、袖口、领子、下摆）
里料	210T涤塔夫咖啡色 T/C袋布，咖啡色
辅料	魔术贴，长2.5cm、宽2cm，咖啡色 140克水洗棉 30克水洗黏合衬，白色 工字扣，青古铜色11粒/件 弹簧拷纽，青古铜色2粒/件 棉绳，白色 主标一只/件 尺码标一只/件 洗唛一只/件 面线，$20^S/2$配色（20英支双股线） 底线，$40^S/2$配色（40英支双股线）

注　坑是指行业内约定俗成的，用来表述灯芯绒的规格型号的单位，以及表示灯芯绒的粗细。坑也是条的意思，
　　是指灯芯绒面料，1英寸（1英寸=2.54cm）里有多少个条就是多少坑。

三、项目实施

（一）初样制板

选取尺寸规格表中的中间号"L"进行初样制板。本款制板采用水洗前尺寸，包括缩率。前、后片及零部件制板，如图3-8所示。

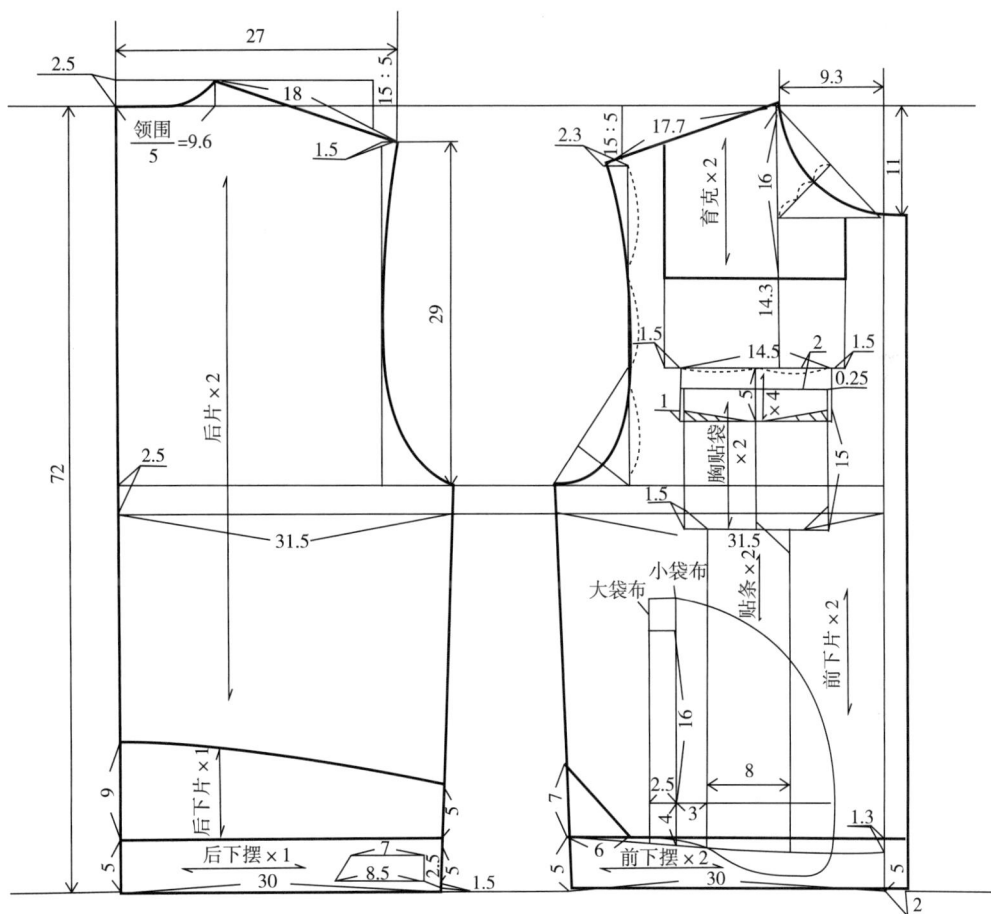

图3-8　翻领贴袋男夹克衫前后片制板

1. 后片制板要点

（1）后中长=72cm。

（2）后领深=2.5cm。

（3）后领宽=$\dfrac{领围}{5}$=9.6cm。

（4）后肩宽：$\dfrac{肩宽}{2}$=27，肩斜比15：5。

（5）后肩线长=18cm。

（6）袖窿深=29cm袖窿直量。

（7）后胸围：$\dfrac{胸围}{4}$=31.5cm，腋下2.5cm处量。

（8）后背宽：在后肩点向中线方向量1.5cm作垂线。

（9）后下摆边长：$\dfrac{下摆围}{4}$=30cm。

（10）根据尺寸规格画出衣服的分割线、下摆腰克夫和收缩襻。

2. 前片制板要点

（1）前领深=11cm。

（2）前领宽=$\dfrac{领围}{5}$-0.3=9.3cm。

（3）前胸围=$\dfrac{胸围}{4}$=31.5cm，从腋下2.5cm处量。

（4）前下摆边长=$\dfrac{下摆围}{4}$=30cm。

（5）前肩线长=后肩线长-0.3cm=17.7cm。

（6）前胸宽=前肩线长水平向右量2.3cm定点画垂线。

（7）搭门宽=2cm。

3. 领子制板（图3-9）

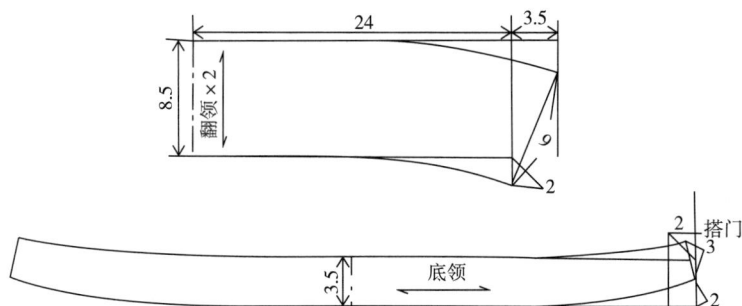

图3-9 翻领贴袋男夹克衫领子制板

4. 袖子制板（图3-10）

（二）服装样板放缝

通过观察和测量，审核样板是否与款式相符，审视结构处理是否合理，如果出现弊病，一般在基准样板上进行调整和修改，然后重新拷贝样板。对于改动较多、较大的样板，需要重新制作样板。样板确定以后，做好相应的放缝和标记。由于本款服装采用羊羔绒，缝制时采用搭缝，所以各部位放缝均为1cm（图3-11）。

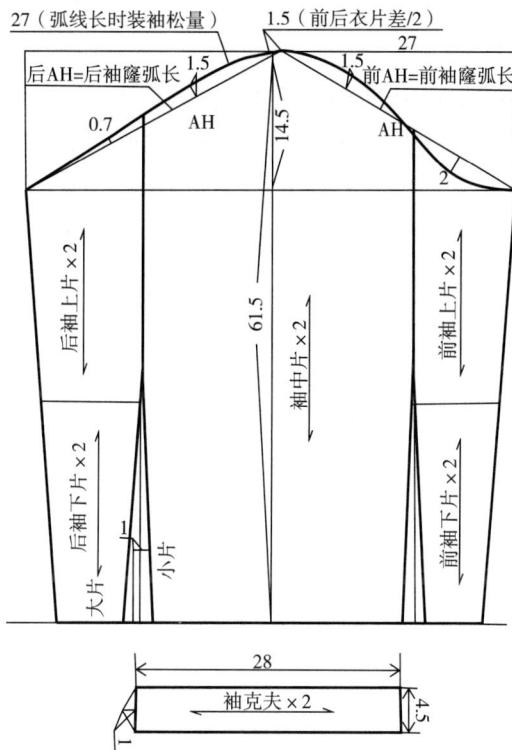

图 3-10　翻领贴袋男夹克衫袖子制板

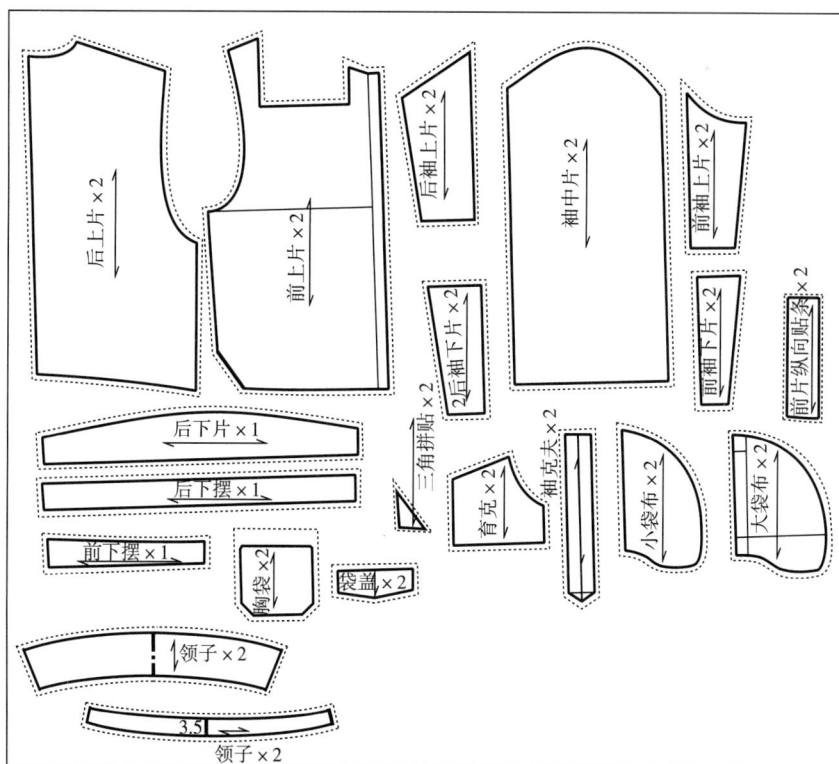

图 3-11　翻领贴袋男夹克衫衣片及零部件放缝图

（三）服装样板推档

以中间规格的样板为基础，按照国家技术标准规定的号型系列或特定的规格系列有规律地进行放大或缩小若干个相似的服装板，从而打制出各个号型规格的全套裁剪样板（图3-12）。

样板推档放缩的程序：标准样板（母板）、坐标（参照物）、关键点、纵横方向移动量、部位差（比率）、对应点连线、新的板型。

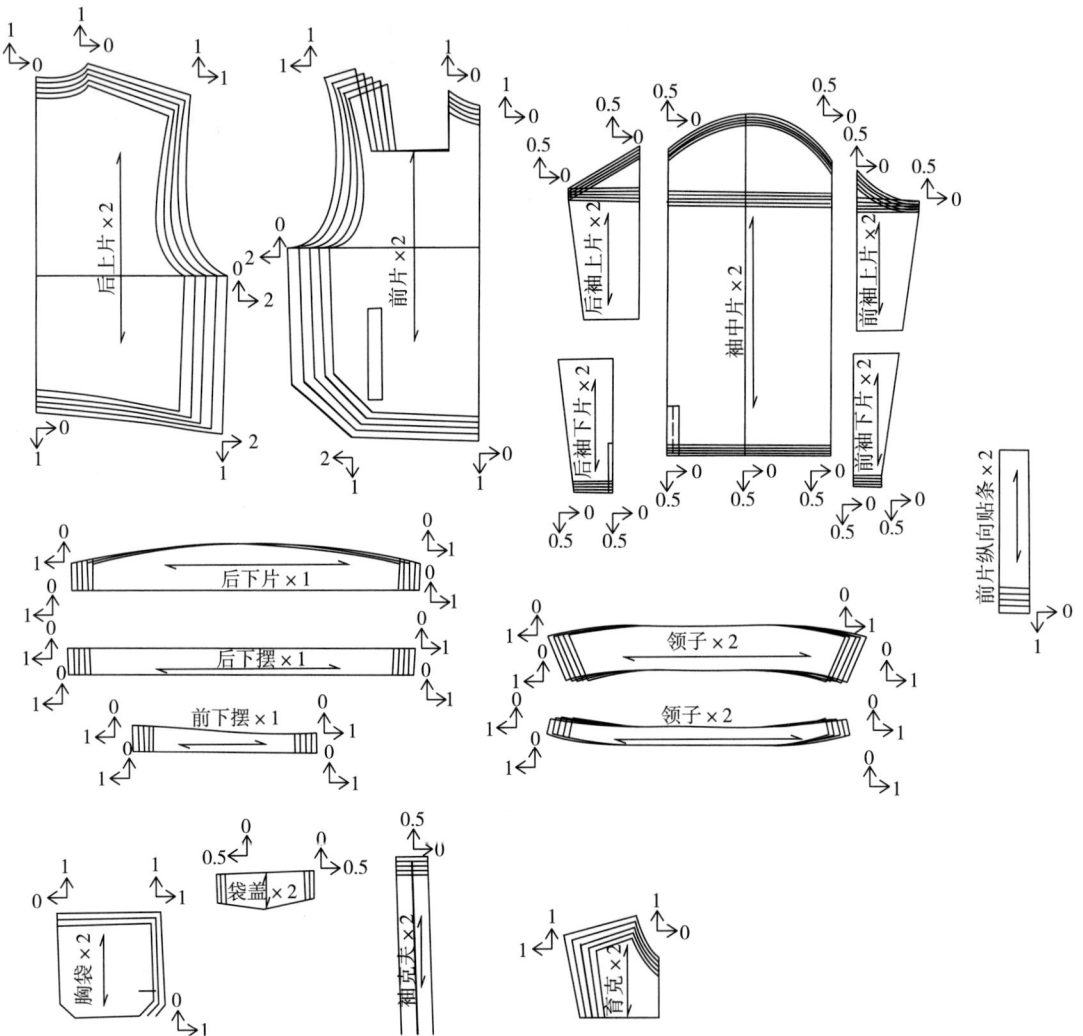

图 3-12 翻领贴袋男夹克衫衣片及零部件推档

四、知识链接

（一）夹克衫部件设计

1. 夹克衫部件设计

（1）衣身：衣身长度比一般外衣稍短，最短衣身长度至腰节处，用松紧带适度收紧下摆。前、后身多采用分割线设计，分割线处缉双明线作为装饰。

（2）衣领：衣领的形式和材料可以多样化，主要有翻领、立领、西服领、罗纹领等（图3-13）。

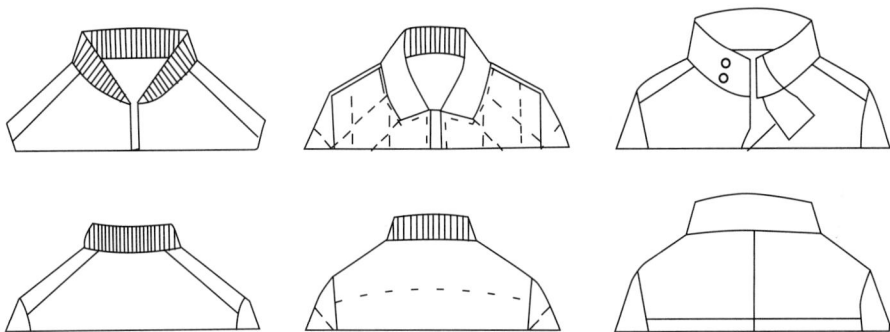

图3-13　夹克衫衣领设计

关门领多用于春、秋、冬季，封闭防风、保暖性好。

（3）口袋：口袋多采用插袋、贴袋及各种装饰袋。口袋的设计变化是夹克的最大特点。设计着眼于实用性和气派感，以大口袋和粗犷、多变的形状为设计要点。

（4）肩部：肩部常采用夸张、加强的设计手法，一般要加垫肩。肩部加装饰线或肩襻，运用不同形式的育克。

（5）袖子：袖子有插肩袖、半插肩袖、连育克袖、衬衫袖、便衣袖、蝙蝠袖等。袖身较肥，袖口收紧。可根据夹克的整体设计风格选用不同形式与结构的衣袖。在夹克的肩、袖联结处及袖子的分割部位可进行不同的装饰（图3-14）。

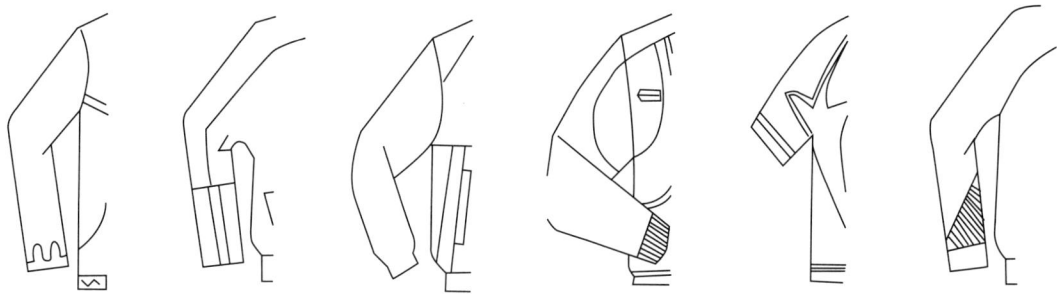

图3-14　夹克衫袖子设计

（6）门襟：门襟即上装前胸部位的开口，它不仅使上装穿脱方便，而且是上装重要的装饰部位。根据门襟的宽度和门襟扣子的排列特征，门襟可分为单排扣门襟和双排扣门襟。根据门襟的位置特征，门襟又可以分为正开襟、偏开襟和插肩开襟。门襟的形态与结构与衣领有着直接的关系，对上装有明显的影响。门襟的形态与结构要与衣领的造型相协调。门襟的长短和位置应与大身呈一定的比例关系，左右对称，体现均衡美。除常规的单门襟和双门襟外，还有拉链式门襟和暗门襟两种形式（图3-15、图3-16）。

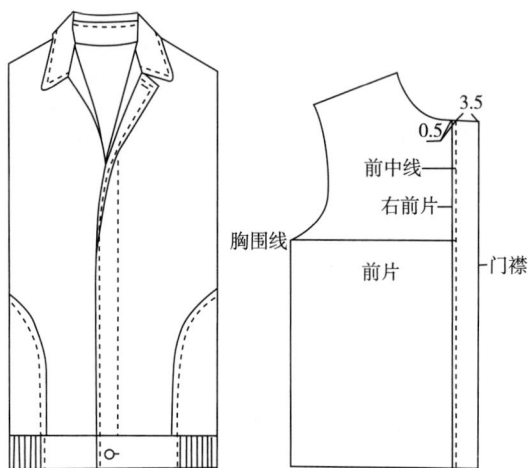

图 3-15　拉链式门襟

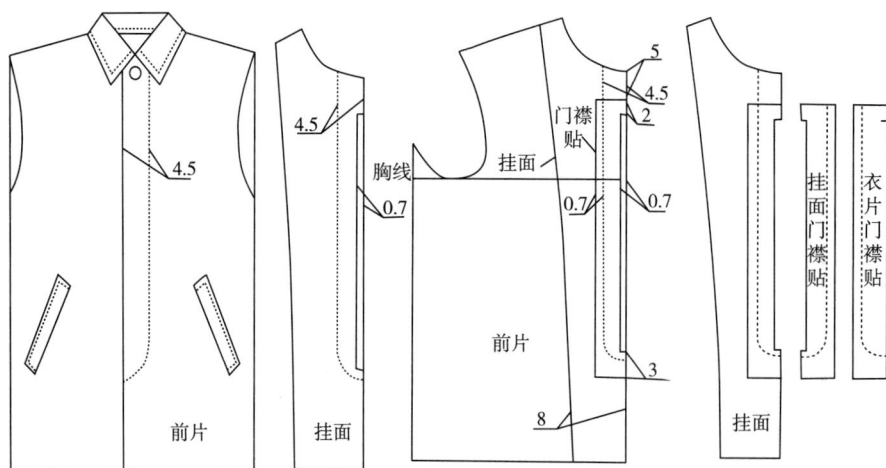

图 3-16　暗门襟

（7）腰克夫：腰克夫又称登闩，有松口式、松紧罗纹式、克夫边式等几类。门襟与腰克夫的设计应协调，在风格、形态、缝缉工艺及装饰上都要保持和谐统一的效果（图3-17）。

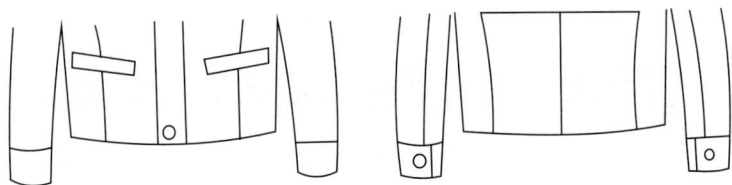

（a）松口式

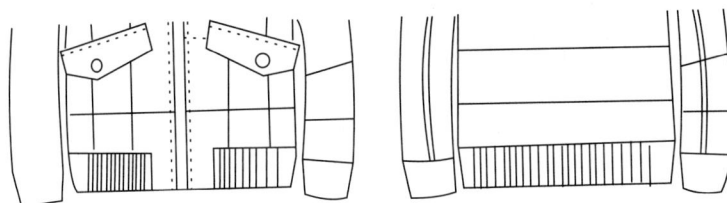

（b）松紧罗纹式

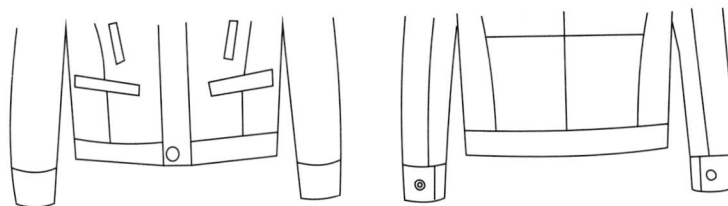

（c）克夫边式

图 3-17　腰克夫分类

五、项目评价

项目评价内容可参照项目一进行操作。

项目三　插肩袖男式双面穿羽绒服

一、项目描述

这是一款外贸生产订单服装。根据款式描述和客户资料分析，对插肩袖男式双面穿羽绒服进行工业制板，并进行放缝、推档和排料。

二、项目分析

（一）款式描述

此款为插肩袖男式双面穿羽绒服（图3-18）。该款羽绒服前片采用插肩袖，外绱门襟，上、下各钉两粒工字扣，左、右各设一个有嵌线条的斜插袋，袋口反向朝前，内装拉链。后片连肩育克插肩袖，袖口和底摆均用松紧带抽紧。领子采用镶色面料，内置隐藏帽。

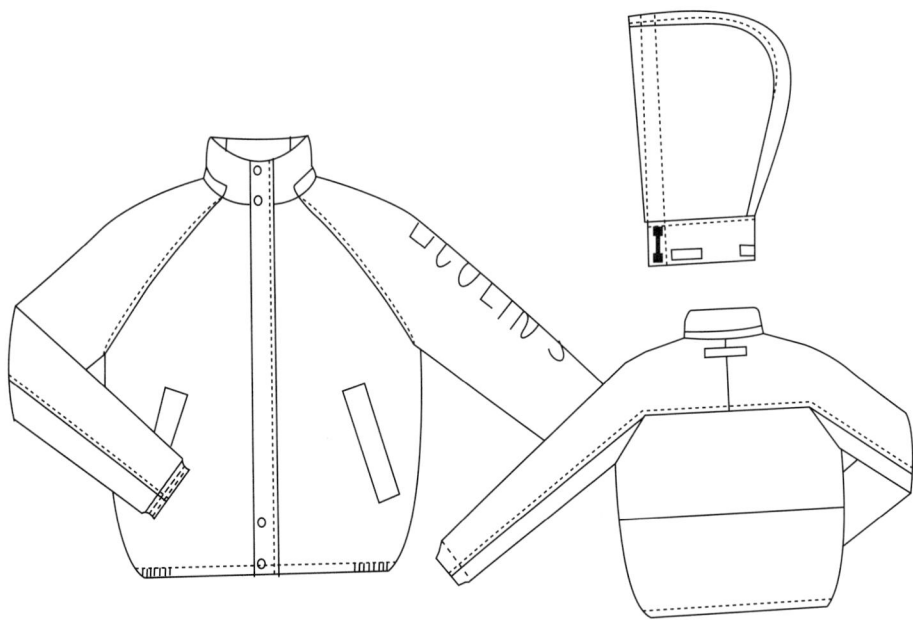

图 3-18　插肩袖男式双面穿羽绒服款式图

（二）客户资料分析（表3-11）

表3-11　插肩袖男式双面穿羽绒服成品规格表　　　　　　　单位：cm

部位	S号	M号	L号	XL号	XXL号
后中长	69	71	73	75	77
1/2胸围	68	70	72	74	76
1/2下摆（收好）	51	53	55	57	59
1/2下摆（放开）	63	65	67	69	71
袖窿（直量）	37	38	39	40	41
袖长（后颈点处量）	79	81	83	85	87
袖口（拉开量）	18	18.5	19	19.5	20
袖口（收好量）	13	13.5	14	14.5	15
前领深	9	9	9	9	9
后领深	2	2	2	2	2
领口宽	24	25	26	27	28
领围	56	58	60	62	64
上领围	58	60	62	64	66
领后中线长	10	10	10	10	10
袋嵌条上口至前中	15				
袋嵌条下口至前中	21				
后中育克高	21				
帽宽	25	26	27	28	29
帽长	34	35	36	37	38
帽顶前宽	10	10	10	10	10
帽顶后宽	9	9	9	9	9
帽领高	5.5	5.5	5.5	5.5	5.5
门襟宽	7	7	7	7	7
下摆橡筋段长	15	15	16	16	17
袖口橡筋段长	8	8	9	9	10
下摆克夫宽	5	5	5	5	5
袖口克夫宽	2.5	2.5	2.5	2.5	2.5
插袋袋口宽	3	3	3	3	3
插袋袋口长	16	16	17	17	18
左袖绣花距领围	27	27.5	28	28.5	29
后挂襻长	10	10	10	10	10
后挂襻宽	2.5	2.5	2.5	2.5	2.5
后挂襻距领	2.5	2.5	2.5	2.5	2.5

（三）充绒单（表3-12）

表3-12　插肩袖男式双面穿羽绒服充绒单

单位：克

部位	S	M	L	XL	XXL
前身2片	20	22	24	26	28
后身1片	47	51	55	59	63
袖子2片	50	54	58	62	66
衣领1片	12	12	13	14	14

注　充绒量260g，80%绒。

三、项目实施

（一）初样制板

选取成品规格表中的中间号"L"进行初样制板。前、后片及零部件制板如图3-19所示。在实际制板中，需要根据技术科实际测定面料经纬缩率来计算并进行制板。

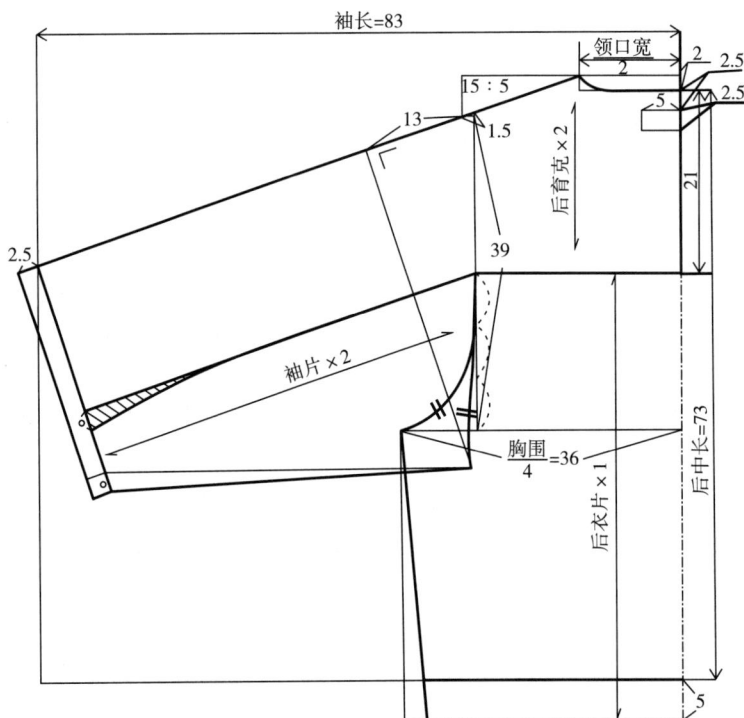

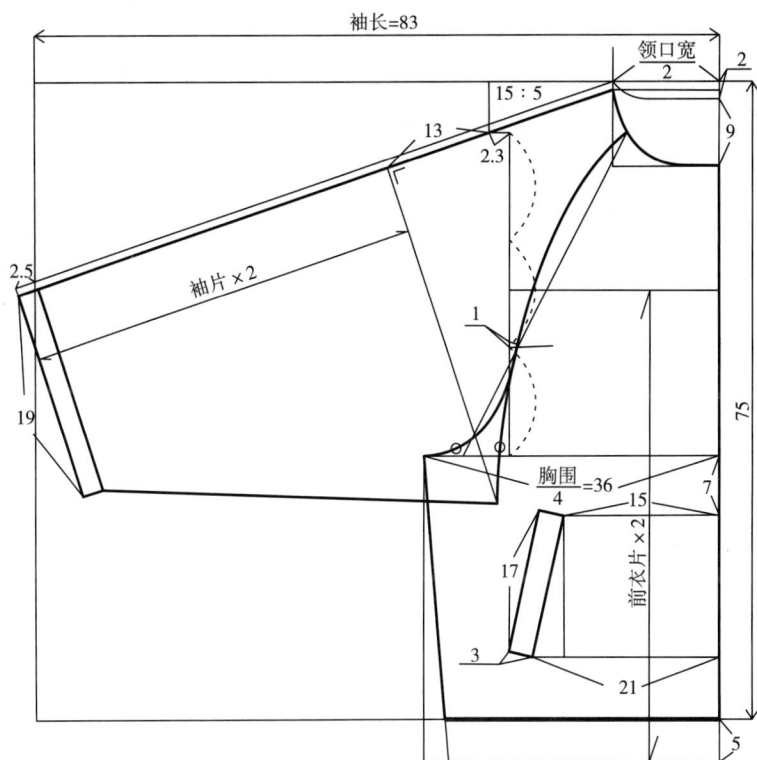

图 3-19　插肩袖男式双面穿羽绒服前、后片制板

（二）前、后片制板要点（图3-19）

（1）后中长＝规格÷（1-经向缩率）。

（2）后领深＝2cm÷（1-经向缩率）取2cm。

（3）肩斜比＝15∶5。

（4）袖长＝规格÷（1-经向缩率）。

（5）袖窿深＝规格。

（6）胸围＝$\dfrac{胸围}{4}$÷（1-纬向缩率）。

（7）后背宽，由后肩端点向右量1.5cm，前胸宽，由前肩宽点向右量2.3cm。

（8）肩端点斜线延长到袖长并取袖山高13cm。

（9）从插肩袖重合点量分割线长等于袖窿弧线长，定出袖肥。

（10）袖口＝规格÷（1-纬向缩率）。

（11）下摆＝$\dfrac{下摆}{4}$（拉开）。

（12）根据样衣测出后衣片的分割线及商标的位置。

（13）前衣片上平线比后衣片低落1cm。

（14）按规格定出前片领弧。

（15）按规格定出袋位。

（16）其余按款式图及规格完成。

（三）帽子、领子、门襟制板（图3-20）

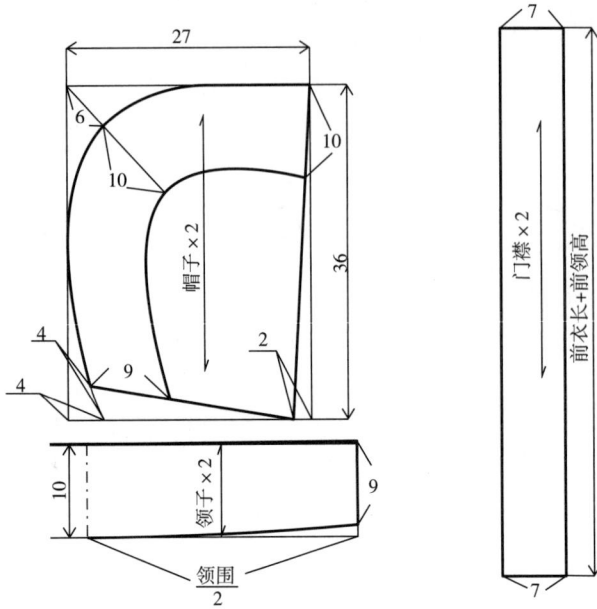

图 3-20　插肩袖男式双面穿羽绒服零部件制板

（四）服装样板放缝（图3-21）

除前后衣片底边放缝5cm外（装松紧带），其余部位均放缝1cm。

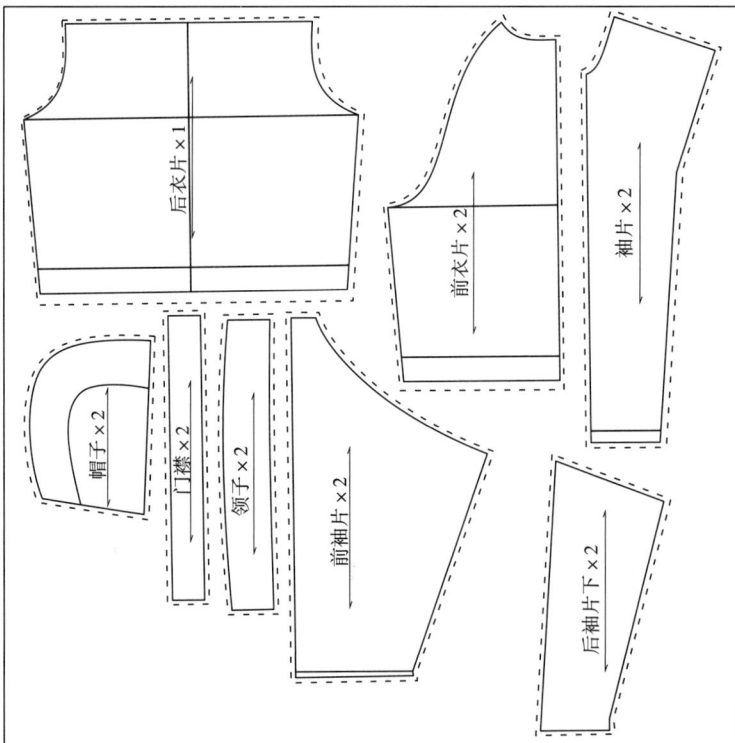

图 3-21　插肩袖男式双面穿羽绒服前、后片及零部件放缝

（五）服装样板推档（图3-22）

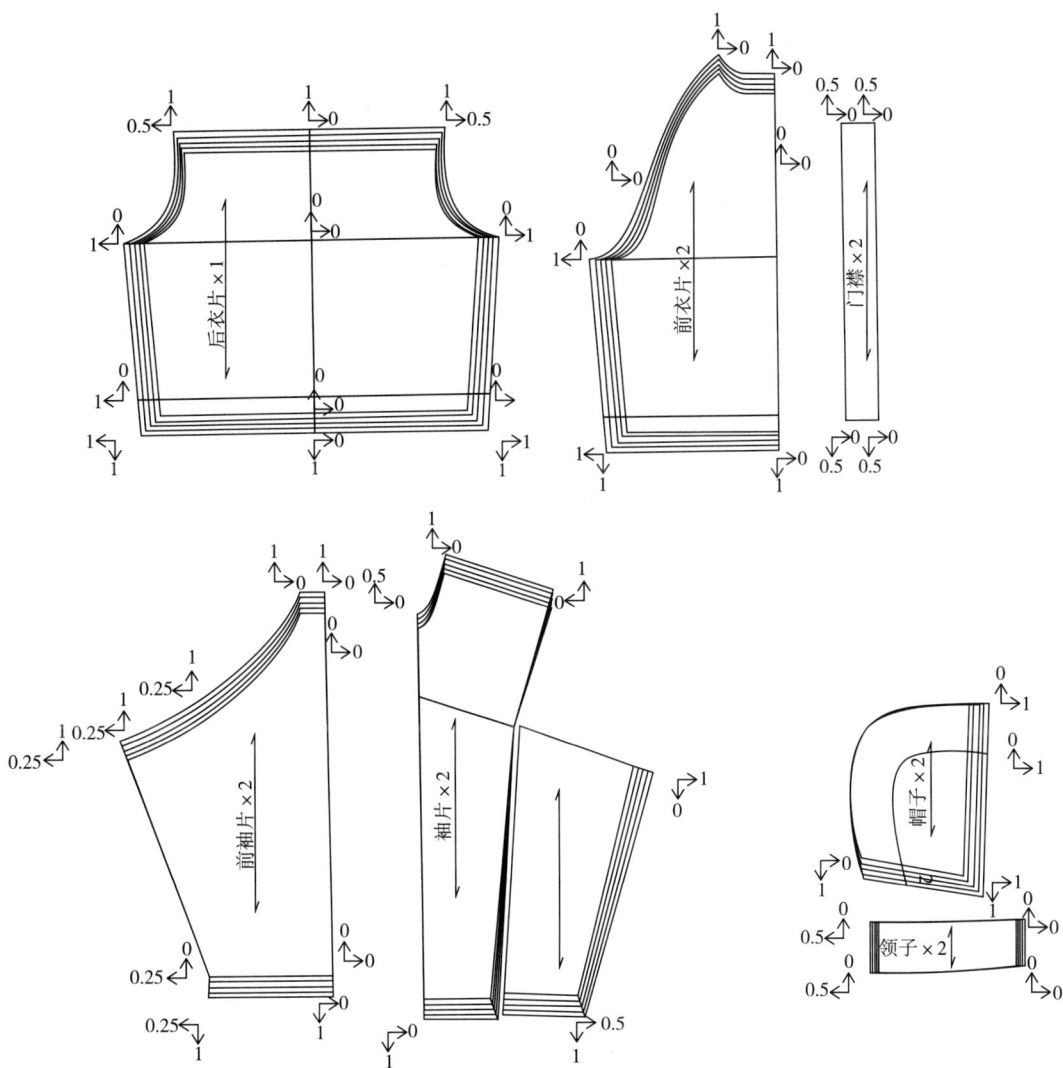

图 3-22　插肩袖男式双面穿羽绒服前、后片及零部件推档

四、知识链接

（一）插肩袖设计

插肩袖具有装袖所没有的合理性和优点。插肩袖穿着方便，形式多样，衣袖有多种结构形式：一片袖、两片袖和三片袖结构的插肩袖，结构原理是一致的，都依据基本袖型的制图规则。

1.袖中线倾斜角的设计（图3-23）

（1）插肩袖制图时，一般袖中线斜度为45°时，合体度和运动性都较好。

（2）袖中线斜度在45°基础上抬高的量越大，如22°，则袖肥越大，袖子的合体度越差，活动性越好。

（3）袖中线斜度在45°基础上低落量越大，如60°，则袖肥越小，活动性越差，合体度越好。

2.袖山高与袖宽的设计（图3-24）

在AH值不变的前提下，一般袖山高与袖宽（也称袖肥）之间呈反比关系，袖山越高，袖宽（肥）越小，袖子越合体；袖山越低，袖宽（肥）越大，袖子越宽松。

一般，宽松袖袖山高在9cm以下较宽松袖袖山高为10~12cm，较合体袖袖山高为12~15cm，合体袖的袖山高度在15cm以上。

3.衣身与袖子分界线的设计（图3-25）

插肩袖插肩的位置可在肩部（称为半插肩）。在领窝线（称为全插肩）、在后脊（称为育克插肩袖）等。

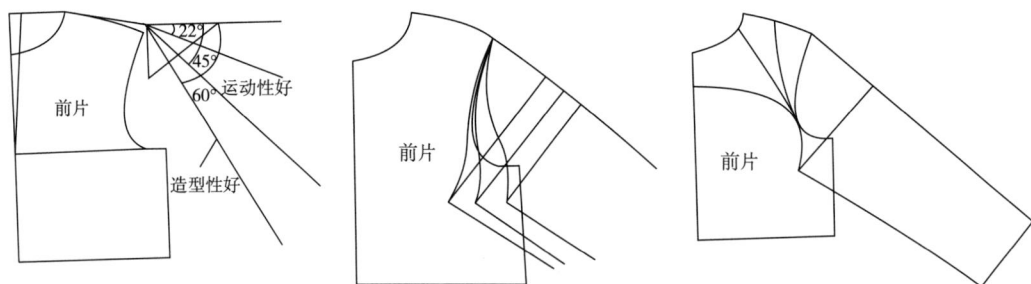

图3-23 袖中线倾斜角的设计　图3-24 袖山高与袖宽的设计　图3-25 衣身与袖子分界线的设计

（二）连身袖的种类（图3-26）

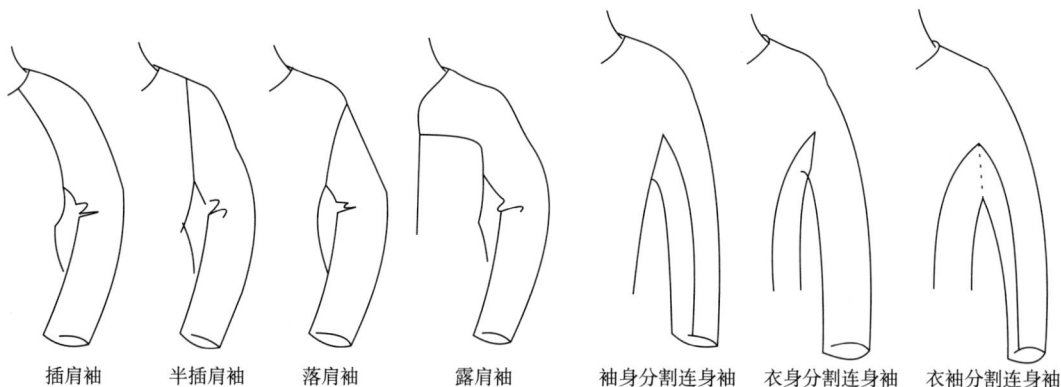

插肩袖　半插肩袖　落肩袖　露肩袖　袖身分割连身袖　衣身分割连身袖　衣袖分割连身袖

图3-26 连身袖的种类

（三）常见连身袖的制图

1. 直身型插肩袖（图3-27）

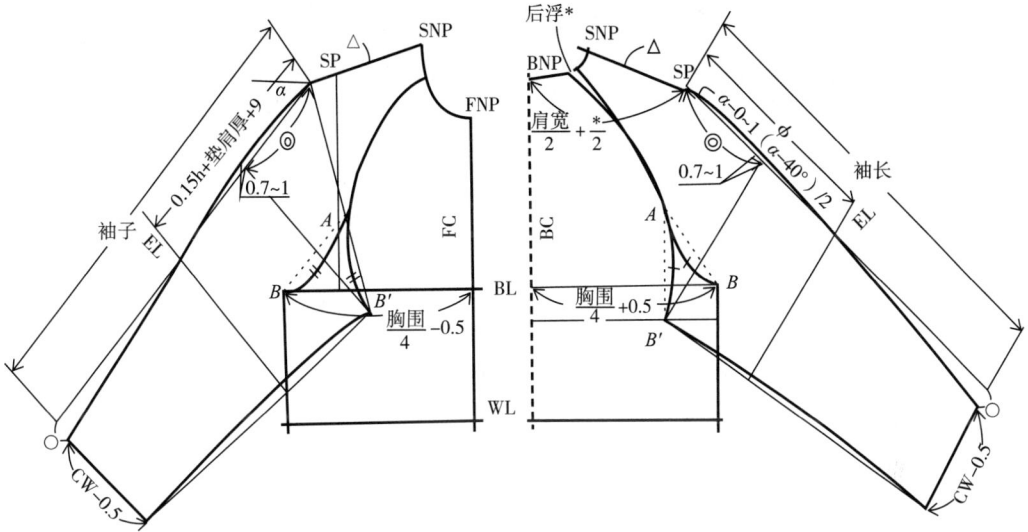

图3-27　直身型插肩袖制图

2. 弯身型贴体插肩袖（图3-28）

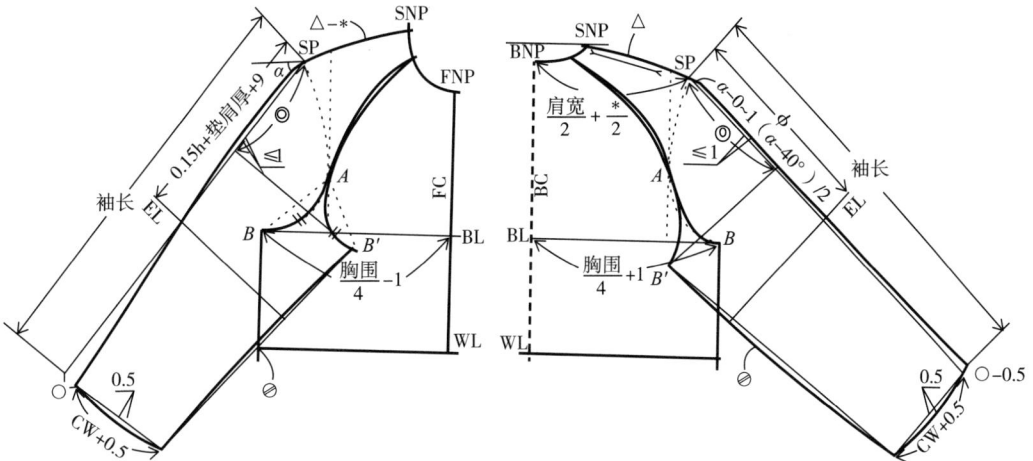

图3-28　弯身型贴体插肩袖制图

3. 半插肩袖（图3-29）

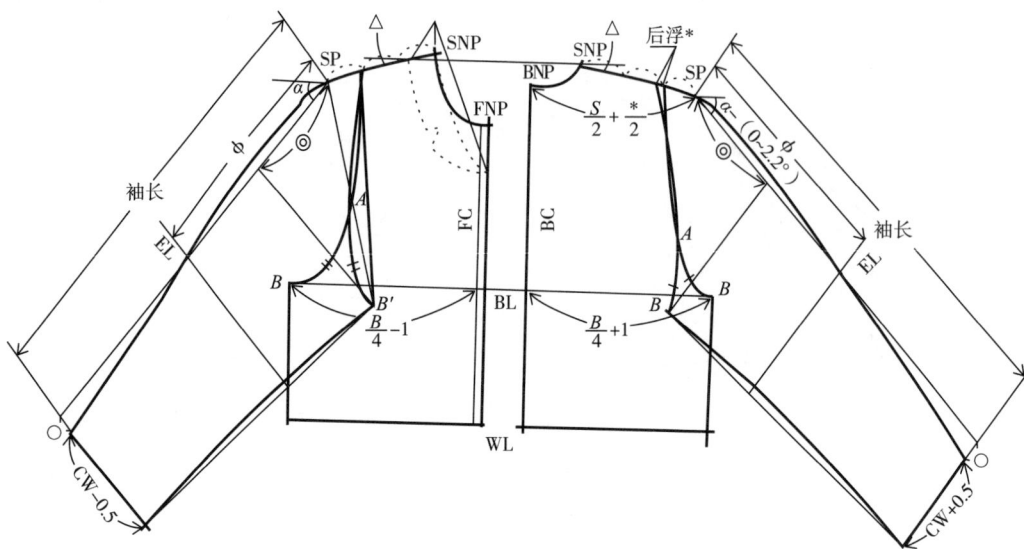

图 3-29　半插肩袖制图

4. 覆肩型连身袖（图3-30）

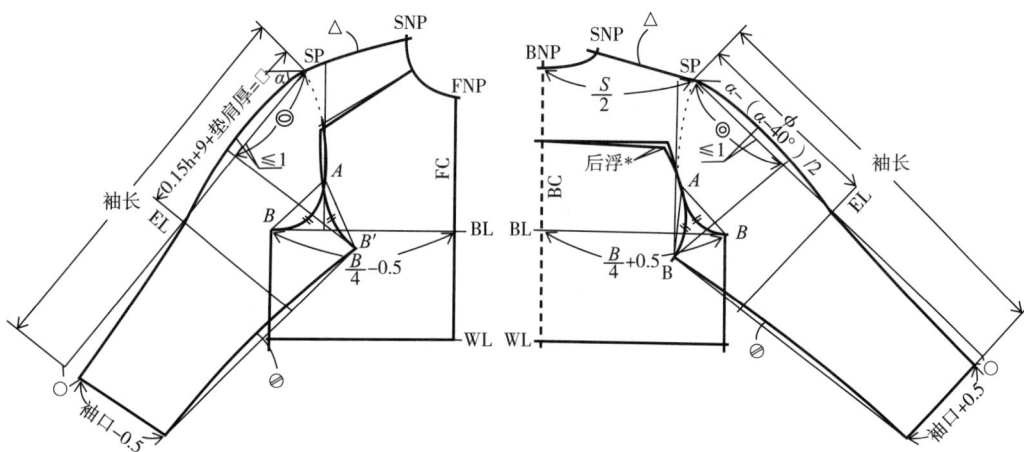

图 3-30　覆肩型连身袖制图

五、项目评价

项目评价内容可参照项目一进行操作。

✎ 职业技能鉴定指导

一、单项选择

1.长袖衬衫胸围110cm，门幅90cm，用料（　　　）？

A.（衣长＋袖长）×2–3cm，胸围每大3cm，另加料6 cm

B.衣长×2+袖长，胸围每大3cm，另加料5cm

C.衣长×2+20cm，胸围每大3cm，另加料3cm

2.色牢度的试验方法有几种？（　　　）

A.2　　　　　　　　　　B.3　　　　　　　　　　C.4

3.钻眼用来标明部件，在裁片上钻眼孔径一般不超过0.5cm，在（　　　）左右。

A.0.2cm　　　　　　　　B.0.3cm　　　　　　　　C.0.4cm

4.衣片拼接缝合部位长度应相等，一般在加放缝份时处理成（　　　）。

A.直角　　　　　　　　B.钝角　　　　　　　　C.直接画平

5.衣片有折边放缝的部位，以下哪个不属于折边放缝？（　　　）

A.袖口　　　　　　　　B.衣片下摆　　　　　　C.衣片侧缝

6.银狐毛的特点是毛比较长，一般有（　　　）。

A.5~7cm　　　　　　　B.6~8cm　　　　　　　C.7~9cm

7.插肩袖男式两面穿羽绒服的充绒单260g用（　　　）绒。

A.75%　　　　　　　　B.80%　　　　　　　　C.85%

8.口袋多采用插袋、贴袋及各种装饰袋，插肩袖款式双面羽绒服采用的（　　　）口袋。

A.贴袋　　　　　　　　B.插袋　　　　　　　　C.挖袋

9.以下哪个属于门襟？（　　　）

A.单排扣门襟　　　　　　　　　B.正开襟

C.暗门襟　　　　　　　　　　　D.以上都是

10.纸箱外A4纸标明（　　　）等。

A.货品编号　　　　　　　　　　B.颜色

C.尺码　　　　　　　　　　　　D.以上都是

二、判断题

1.熨烫色牢度试验指将试样进行熨烫，待冷却后观察其染色牢度。（　　　）

2.剪口用来标明的部位，在裁片的边缘处打，深宽一般为0.5cm×0.2cm。（　　　）

3.夹克衫特点是衣长较短，宽胸围、宽袖口、宽下摆式样的上衣。（　　　）

4.绵羊皮的特点是皮板轻薄；手感柔软光滑且细腻，毛孔细小，无规则地分布均匀，呈椭圆形。（　　　）

5.推档放缩的程序是标准样板（母板）、坐标（参照物）、关键点、纵横方向移动量、部位差（比率）、对应点连线、新的板型。（　　　）

6.各点放缩量的大小与到原点 *O*（即不变点）的距离越远放缩量就越大，反之亦然。（　　）

7.规格档差，两个相邻之间的规格差数。（　　）

8.有纽扣男装包装时的不须配置备纽。（　　）

9.两用衫胸围110cm，用门幅为90cm的面料计算为（衣长＋袖长）×2–7cm，胸围每大3cm，另加料7cm。（　　）

10.量成品服装的胸围大是从腋下1cm处量。（　　）

三、操作题

下图休闲插肩袖夹克衫，整体廓型呈H型。前片左、右各有一个挖袋，装门襟拉链、装松紧下摆育克边，袖子为插肩袖，装松紧袖克夫，翻领，整体设计简洁大方。采用混纺面料制成，面料经缩为1.5%，纬缩为1%。根据提供的成品尺寸规格（单位：cm）和款式图，对休闲插肩袖夹克衫进行工业样板制作，要求结构合理，部件齐全，线条流畅。

单位：cm

部位	衣长	胸围	肩宽	袖长	袖口围	下摆育克边宽、袖克夫宽
尺寸规格	71	121	50	61	27	4.5

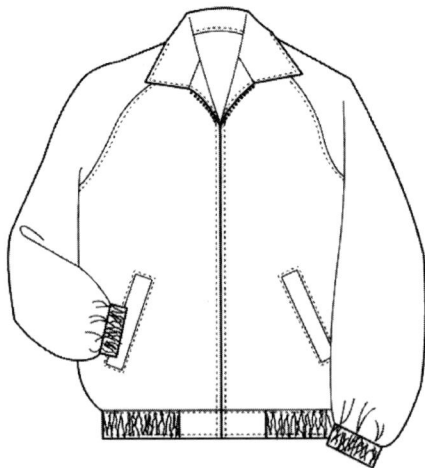

参考答案

一、选择题

1.B　2.B　3.B　4.A　5.C　6.C　7.B　8.C　9.D　10.D

二、判断题

1.√ 2.√ 3.× 4.× 5.√ 6.√ 7.√ 8.× 9.×10.√

三、操作题

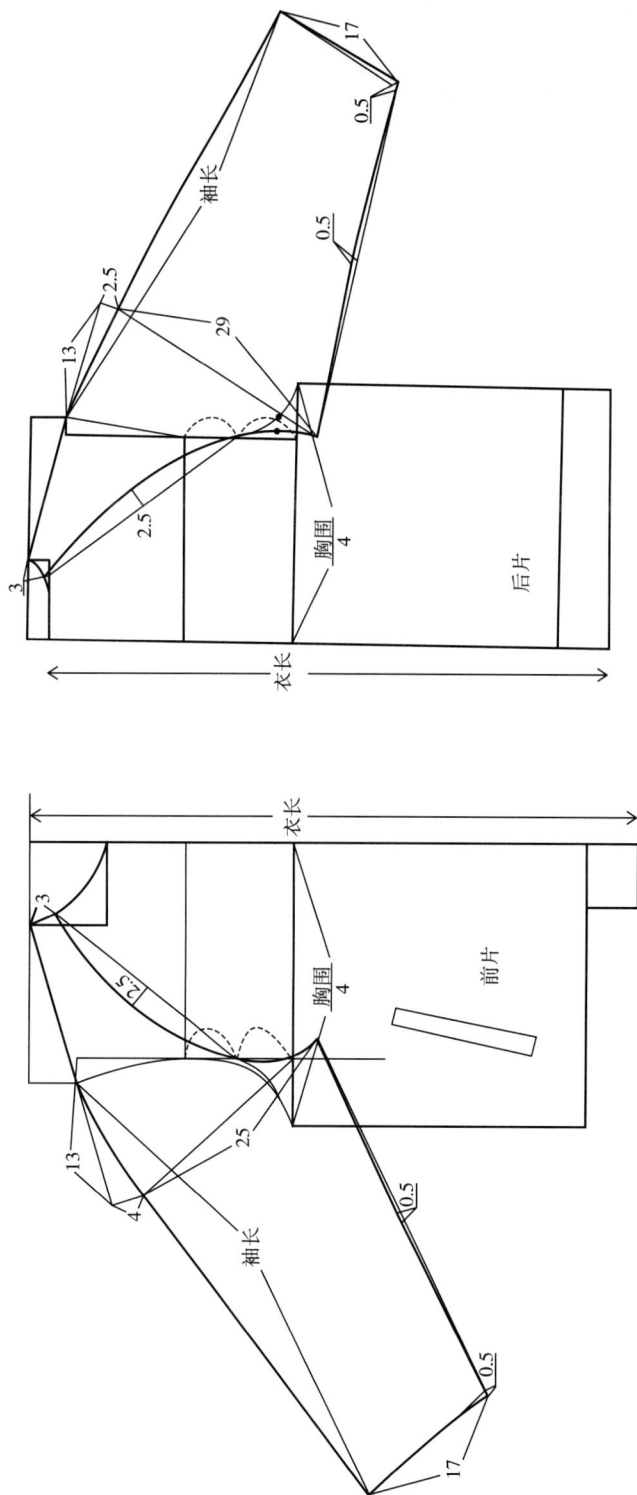

图中标注：17、0.5、0.5、袖长、2.5、29、13、2.5、3、胸围/4、后片、衣长

图中标注：衣长、3、胸围/4、前片、2.5、25、13、4、袖长、0.5、0.5、17

模块四

童装工业样板制作与推档

知识目标

1. 学习儿童身体各部位尺寸的测量方法。
2. 学习儿童体型分类及放松量变化规律。
3. 学习童装面料的选用及装饰物搭配方法。
4. 学习风帽的设计原理及方法。

技能目标

1. 掌握帽子工业制板的方法。
2. 掌握服装面料根据缩率计算使用面料的方法，能根据缩率计算里料填充前尺寸。
3. 掌握童装工业样板推档和排料工具的使用方法，使用富怡CAD制板、推档、排料工具进行相应的操作。

模块导读

本模块内容取自企业的外贸订单，共选取连帽罗纹口女童上衣、连帽绣花女童上衣两款有代表性的童装进行展开讲解和训练，根据业务部下达的生产通知单（客户资料）进行任务分析，按照项目描述、项目分析、项目实施、知识链接和项目评价的过程，对服装工业制板从初样制板、样板确认、样板推档放缩、服装排料等完整流程进行详细讲解，同时融入儿童身体测量、儿童服装号型系列等相关知识，帮助学生更好地掌握本章节的知识点。

项目一　连帽罗纹口女童上衣工业样板制作与推档

一、项目描述

这是一款外贸生产订单服装。根据款式描述和客户资料分析，对本款连帽罗纹口女童上衣进行工业制板、放缝、推档和排料。

二、项目分析

（一）款式描述

此款为连帽罗纹口女童上衣（图4-1），休闲风格，兜帽外形和运动感的袖口，下摆罗纹设计彰显孩子的活泼好动；有袋盖的桃子形立体双贴袋可爱不失实用，装饰臂章位于袖片立体袋上，提升经典款式整体的设计风格，罗纹袖口和下摆在起到保暖作用的同时，增强了服装的运动感。前片衣身的刀背缝分割设计也使得整体风格更加活泼。前片盖门襟，内装露齿拉链，外钉五粒扣，用扣襻固定。袖窿、帽口、门襟、口袋及所有的分割缝均缉单明线。

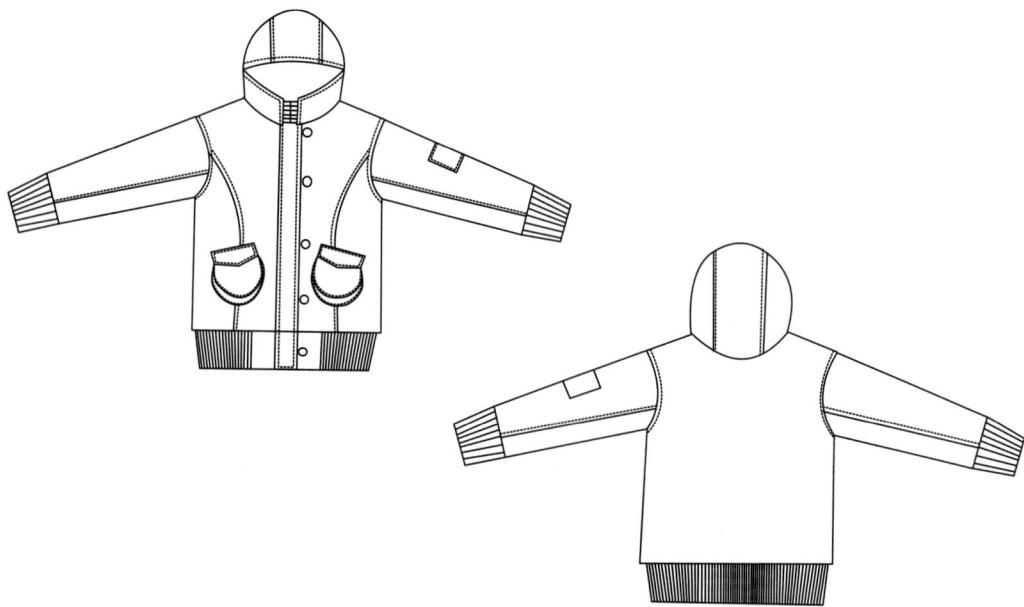

图4-1　连帽罗纹口女童上衣款式图

（二）客户资料分析

1.配料表（表4-1）

表4-1　连帽罗纹口女童上衣配料表

面料	大红色210T尼丝纺 橘红、淡绿290T春亚纺
里料	190T涤丝纺 200g普通喷胶棉
辅料	纽扣直径2.5cm，配色7粒 2×2罗纹边，装在下摆和袖口位置 5#树脂开口牙齿，码带配色，金属长方形拉片 主标、尺码标各一只

注　"2×2罗纹"表示罗纹的织法，织的时候2针上、2针下。

2.规格表（表4-2）

表4-2　连帽罗纹口女童上衣规格表　　　　　　单位：cm

部位	8A/140号	10A/152号	12A/164号	14A/176号
后中长	45	48.5	52	55.5
1/2胸围	45	47	49	51
肩宽	36	38	40	42
领围	27	27.6	28.2	28.8
袖长（含小肩宽）	66	71.5	77	82.5
帽高	29	30	31	32
帽宽	25	26	27	28
1/2下摆围	32	34	36	38
袖口大（平量）	8.5	9	9.5	10
盖门襟长（前直开领下至底边）	44	46	48	50
下摆罗纹高	10	10	10	10

注　8A/140号表示年龄/身高：A为"age"首字母缩写，即年龄，8A表示8岁；140#表示身高140cm。

3.袖片上装饰臂章及服装夹里展示（图4-2）

（1）立体袖袋缝装在衣袖上，缉明线距袖袋边缘0.1cm。

（2）装饰臂章用明线缝缉在立体袖袋的右下角。

（3）连帽罗纹口女童上衣夹里，如图4-2所示。

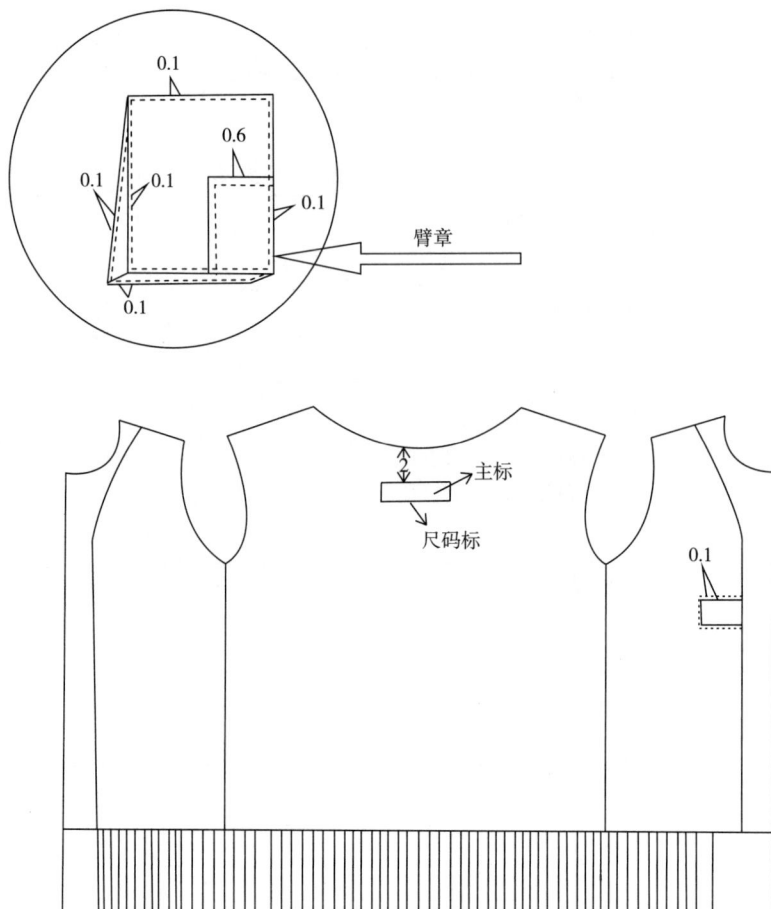

图 4-2 连帽罗纹口女童上衣袖袋及夹里展示图

三、项目实施

（一）初样制板

选取尺寸规格表中"10A/152号"进行初样制板。本款上衣，面料经缩4%，纬缩2%。打板时要加入缩率。

1. 后片制板公式与要点

连帽罗纹口女童上衣后片制板如图4-3所示。

（1）制板后中线长=后中长÷（1-4%）-下摆罗纹高=40.52cm。

（2）后领深：取定数2cm。

（3）后领宽：$\dfrac{领围}{5}$÷（1-2%）≈5.63cm。

（4）后肩宽：$\dfrac{肩宽}{2}$÷（1-2%）≈19.39cm。

（5）袖窿深：$\left(\dfrac{胸围}{6}+1cm\right)$÷（1-4%）≈17.36（cm）。

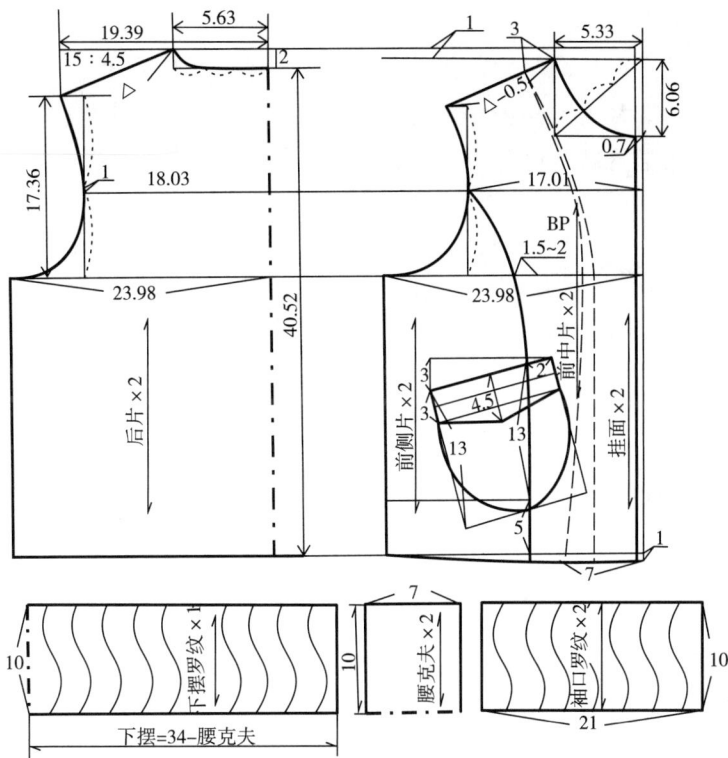

图 4-3 连帽罗纹口女童上衣前后片制板

（6）后背宽：$\left(\dfrac{\text{胸围}}{6}+2\text{cm}\right)\div（1\text{-}2\%）\approx18.03（\text{cm}）$。

（7）后胸围大：$\dfrac{\text{胸围}}{4}\div（1\text{-}2\%）\approx23.98（\text{cm}）$

（8）因前中装露齿拉链，所以止口线向内量进0.7cm。

（9）挂面在前衣片上裁配。肩宽处宽度为3cm，下摆处宽7cm。

2. 前片制板公式与要点

（1）前衣片上平线比后片低落1cm，下摆比后中长长1cm（图4-3）。

（2）前领深 $=\left(\dfrac{\text{领围}}{5}+0.3\right)\div（1\text{-}4\%）=6.06（\text{cm}）$。

（3）前领宽 $=\left(\dfrac{\text{领围}}{5}-0.3\right)\div（1\text{-}2\%）\approx5.33（\text{cm}）$。

（4）前胸宽 $=\left(\dfrac{\text{胸围}}{6}+1\right)\div（1\text{-}2\%）\approx17.01（\text{cm}）$。

（5）前胸围 $=\dfrac{\text{胸围}}{4}\div（1\text{-}2\%）\approx23.98（\text{cm}）$。

（6）前片刀背缝分割线及贴袋位置如图4-3所示。

3. 袖片、帖片、零部件制板公式与要点（图4-4）

（1）袖长＝袖长÷（1-4%）$-\dfrac{\text{肩宽}}{2}\div（1\text{-}2\%）$－罗纹高＝74.48-19.39-10=45.09（cm）。

（2）袖山高：定数10cm。

（3）袖山斜线由前、后袖窿弧线长尺寸确定。

（4）袖口大＝袖口大 ÷（1−2%）≈ 9.18（cm）。

（5）袖袋位置及装饰臂章位置如图4−4所示。

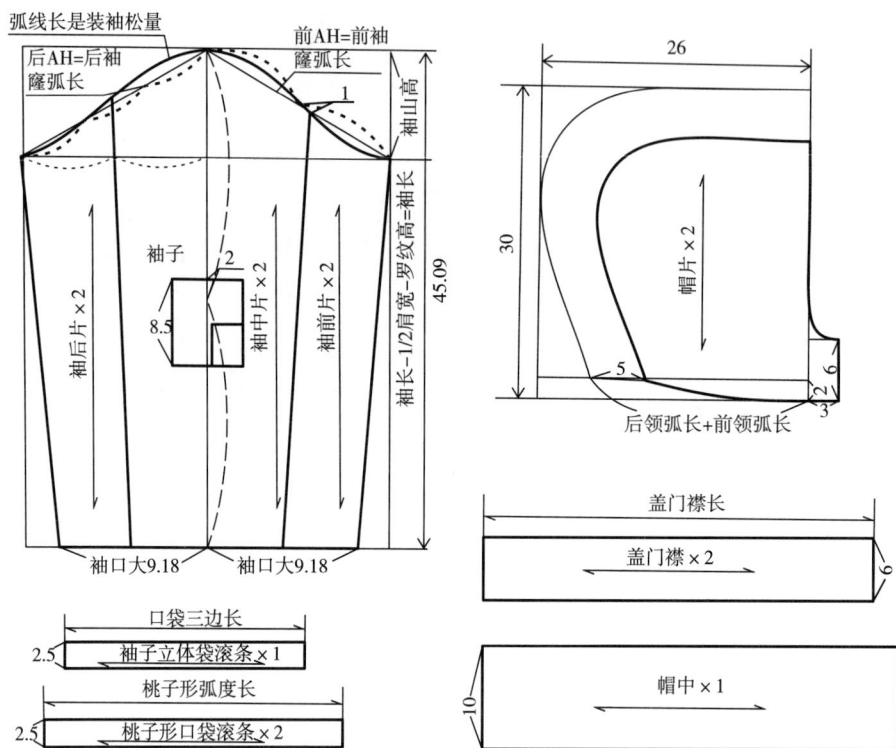

图 4−4　袖子、帽及零部件制板

（二）样板确认

1.基础纸样的检查

（1）观察样板是否与样品要求相符（造型与结构）。

（2）审核样板的规格是否与所提供尺寸相一致，是否考虑了工艺要求。

（3）审核制板是否与款式相符。

（4）审核细部造型是否与实物相吻合。

（5）审核各相关部位的尺寸是否吻合。

（6）审核零部件制板是否齐全。

2.样板放缝、排料

如图4−5所示，除桃形贴袋及袖袋的袋口处放缝3cm外，其余部位均放缝1cm。按照图示进行服装的放缝、排料。

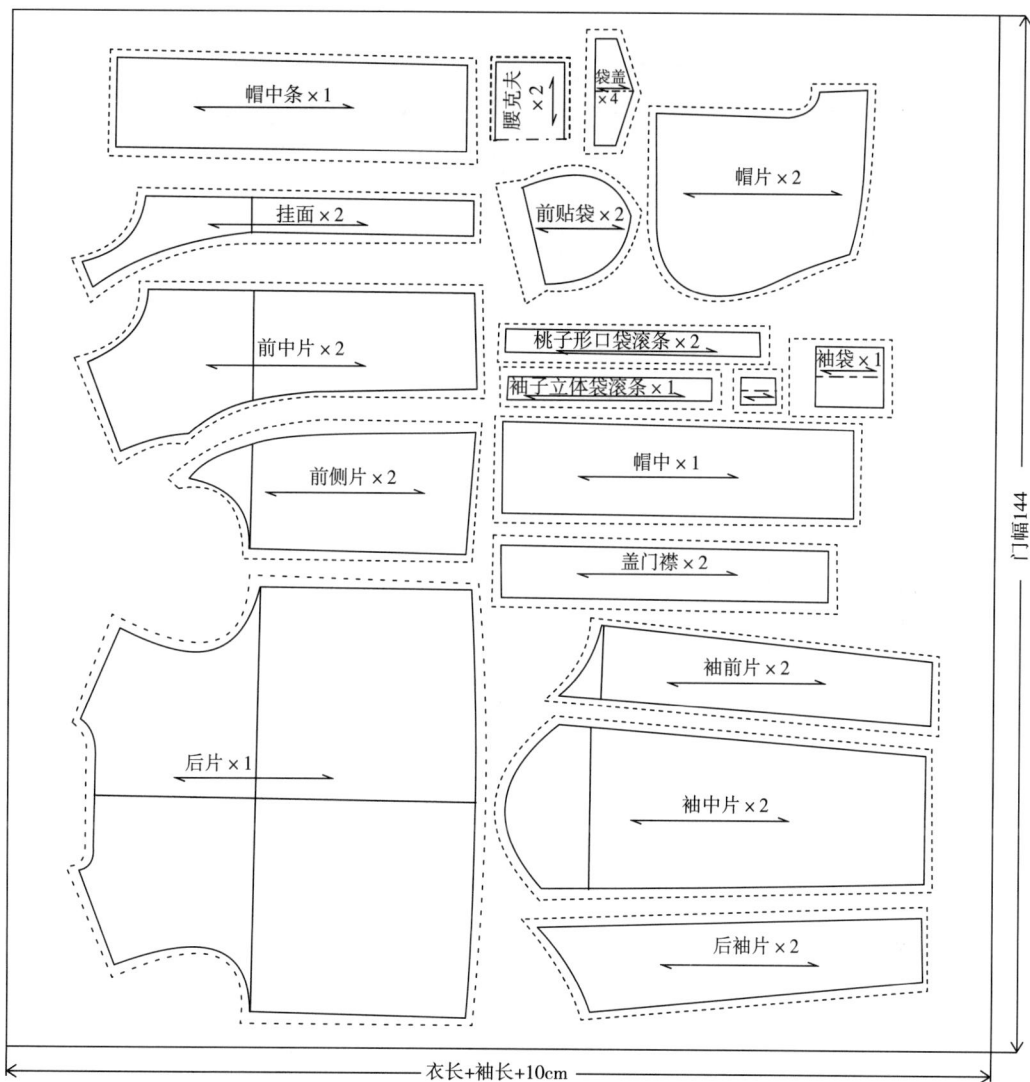

图4-5　前后衣片及零部件放缝、排料

3.夹里放缝

如图4-6所示，各部位均放缝1.5cm。

4.做标记

（1）丝缕符号、文字标记：标明部位名称、所需数量、号型、净样、毛样等；将桃形贴袋和袖袋的位置做好标记。

（2）对位标记：袖山与袖窿对位、帽子下口与领圈对位、刀背缝分割线对位等。

（三）样板推档放缩

1.前后衣片推档放缩

以前、后中线和胸围线为基准进行推档放缩，具体推档数值如图4-7所示。

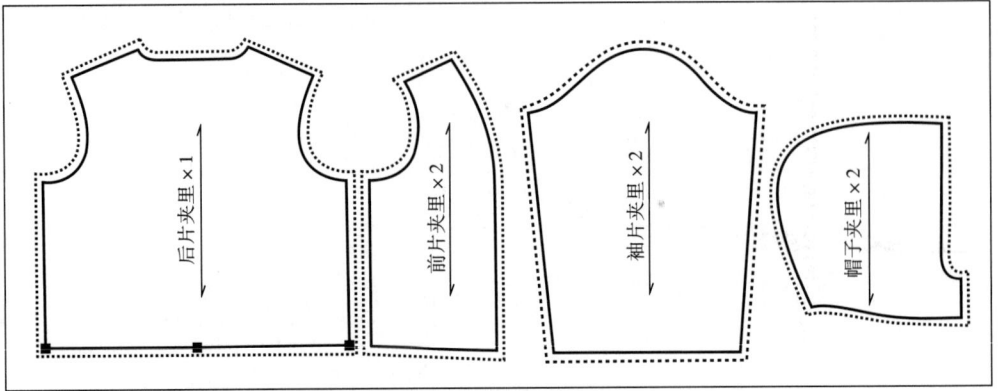

图 4-6　夹里放缝

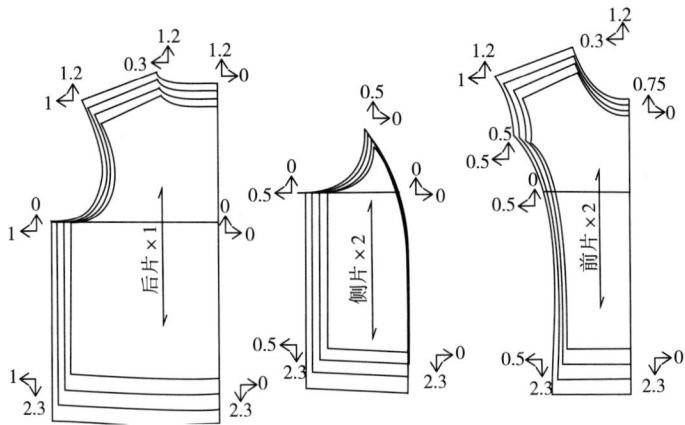

图 4-7　前后衣片推档放缩图

2.袖片推档放缩

以袖山深线和袖中线为基准进行推档放缩，具体推档数值如图4-8所示。

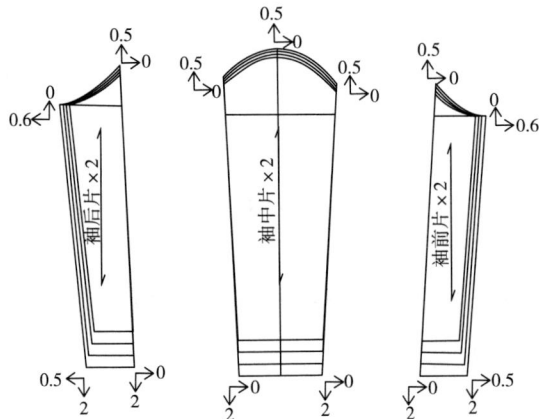

图 4-8　袖片推档放缩图

3.零部件推档放缩（图4-9）

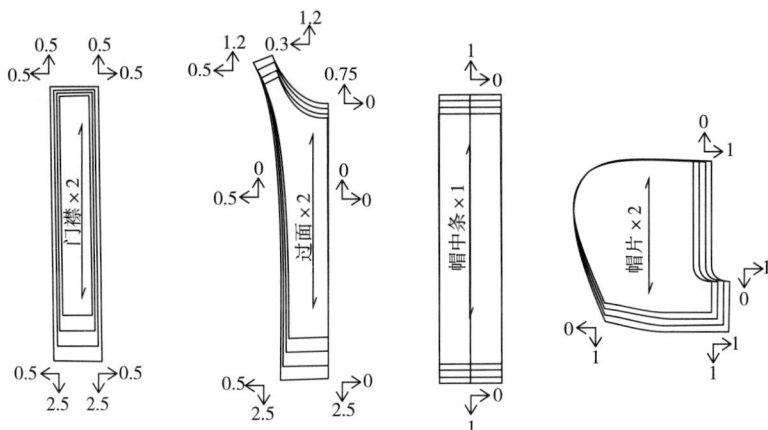

图4-9　零部件推档图

四、知识链接

（一）儿童身体测量

为了对儿童体型特征有正确、客观的认识，除了做定性研究外，还必须了解儿童各部位的特征。

随着儿童的生长发育，体型在不断地变化，为了保证服装适合儿童体型特征，且穿着舒适美观，在进行童装纸样设计时，必须有各部位的准确数据。人体测量是获得准确尺寸的唯一途径，是进行童装结构设计的前提。

1.儿童身体测量的注意事项

（1）被测儿童自然站立或端坐，双臂自然下垂，不低头，不挺胸。

（2）软尺不要过松或过紧。测量长度尺寸时，软尺要垂直；测量宽度尺寸时，软尺应随人体的起伏，如测肩宽时，不能只测两肩端点之间的直线距离；测量围度方面的尺寸时，软尺要水平，松紧适宜，既不勒紧，也不松脱，以平贴能转动为原则，水平围绕所测部位体表一周。

（3）由于儿童测体时，身体容易移动，所以对于年龄较小的儿童，量体以主要尺寸为主，如身高、胸围、腰围、臀围等，其他部位的尺寸可通过推算获得。

（4）发育期的儿童，服装不要过分合体，要有适度的松量，因此男、女童应在一层内衣外测量。

（5）应通过基准点和基准线进行测量。例如，测量胸围时，软尺应水平通过胸点；测袖长时应 通过肩点、肘点和手腕凸点。儿童腰围线不明显，测量时准备一根细带子，在腰部最细位置水平系好，此处就是腰围线。若不好确定腰围最细处，可使孩子弯曲肘部，肘点位置作为目标位。

（6）测量时注意手法，按顺序进行，一般从前到后、从左向右、自上而下地按部位顺序进行，以免漏测或重复。

（7）要观察被测儿童体型，对特殊体型儿童应加测特殊部位，并做好记录，以便制图时做相应调整。

（8）做好每一部位尺寸测量的记录，并使记录规范化。必要时附上说明或简单示意图，并注明体型特征及款式要求。

2.儿童身体测量的部位及方法

儿童身体测量的部位由测量目的决定，根据服装结构设计的需要，进行测量的主要部位约有17个。

（1）身高：立姿赤足，自头顶至地面的垂直距离。

（2）胸围：水平围量胸部最大位置一周，软尺内能插进两个手指（约1cm松量）所得到的尺寸。

（3）腰围：在腰部最细位置束好带，插入两个手指（约1cm松量），水平围量一周得到的尺寸。

（4）臀围：在臀部最大的位置插入两个手指（约1cm的松量），水平围量一周得到的尺寸。

（5）背长：自后颈点（BNP，第七颈椎点附近）量至腰围线（WL）的长度。应考虑一定肩胛骨凸出的弧量。有时测量后腰节尺寸和前腰节尺寸，后腰节尺寸一般从侧颈点（SNP）经背部量至腰部最细处，前腰节尺寸一般从侧颈点经胸部量至腰部最细处。

（6）衣长：自后颈点量至腰围线，一般是按儿童的年龄及服装的种类量至所需长度。

（7）臂长：手臂自然下垂，自肩端点量至手腕尺骨茎突点的长度。

（8）裙长：自腰围线量至裙装所需的长度。

（9）裤长：自腰围线量至裤装所需的长度。

（10）上裆：坐姿时，从腰围线到椅面的距离，或用腰围高减去下裆长的尺寸。

（11）下裆：从横裆处到外踝点的距离。

（12）头围：在头部最大位置插入两个手指，环绕一周进行测量得到的尺寸。

（13）肩宽：经后颈点（BNP）测量左、右肩端点（SP）之间的距离。

（14）颈围：经颈项的根部环绕一周进行测量所得尺寸，软尺应略松些。

（15）臂根围：自腋下经过肩端点与前、后腋点环绕手臂根部一周所得尺寸。

（16）腕围：经过尺骨茎突点将手腕部环绕一周测量所得长度，注意不要太紧。

（17）坐高：自头顶点量至椅面之间的距离。

3.儿童特殊体型的测量

儿童与成人相比特殊体型较少，但仍是不能忽视的一类人群。要想使这类特殊体型者的服装美观、舒适，其标注身体各部位特征的数据就应该更准确、详细。因此，在对特殊体型儿童的身体进行测量之前，必须对他的形态进行认真的观察和分析，从前面观察胸部、腰部、肩部，从侧面观察背部、腹部、臀部，从后面观察肩部。对于不同的体型，除测量正常部位外，还需要测量形体"特征"明显之处。儿童特殊体型主要有以下几种：

（1）肥胖体型：肥胖儿童的体型特征是全身圆而丰满，腰围尺寸大，后颈及后肩部脂肪厚，臂根围大。测量重点部位是颈围、肩宽、腰围、臀围、臂根围。

（2）鸡胸体体型：鸡胸体儿童的体型特征是胸部至腹部向前凸出，背部平坦，前胸宽大于后背宽，头部呈后仰状态。测量重点部位是前腰节长、后腰节长、颈围、前胸宽、后背宽。

（3）肩胛骨挺度强体型：该体型特征是肩胛骨明显外凸。测量时需加测的部位是后腰节长、总肩宽。

（4）端肩体型：该体型特征是肩平、中肩端变宽。测量重点部位是总肩宽、后背宽、臂根围、肩水平线和肩高点的垂直距离。

（二）我国儿童服装号型系列

服装号型是服装设计与制板的基础，用于指导服装规格的确定及纸样的放缩。我国儿童服装号型执行标准是GB/T 1335.3—2009，该标准包含了身高52~80cm的婴儿号型系列；80~130cm的儿童号型系列；135~160cm的男童和135~155cm的女童号型系列。儿童无中间体，无体型分类。

1.号型的定义和标志

（1）号型的定义。

①号：指人体的身高，以厘米为单位表示，是设计和选购服装长短的依据。

②型：指人体的胸围和腰围，是设计和选购服装肥瘦的依据。

（2）号型标志。童装号型标志是号/型，表明所采用该号型的服装适用于身高和胸围（或腰围）与此号型相近似的儿童。例如，上装号型140/64，表明该服装适用于身高138~142cm，胸围62~65cm的儿童穿着；下装号型145/63，表示该服装适用于身高142~147cm，腰围62~64cm的儿童穿着。

2.儿童服装号型系列表

（1）身高52~80cm的婴儿号型系列，身高52~80cm的婴儿，身高以7cm分档，胸围以4cm、腰围以3cm分档，分别组成7·4系列和7·3系列。

（2）身高80~130童装参考尺寸表（表4-3）。

表4-3　儿童参考尺寸表　　　　　　　　　　　　　　　单位：cm

身高	80	90	100	110	120	130
胸围	48	52	56	60	64	68
腰围	47	50	53	56	59	62
臀围	49	54	59	64	69	74
衣长	30	34	38	42	46	50
袖长	25	28	31	34	37	40

（三）风帽纸样设计

风帽是将帽子缀于领口之上，穿着时帽子可以覆盖头上，也可以披于后肩，以帽代领，因此又称作帽领。风帽设计变化非常丰富，其领口的造型有圆形、V形、船形或U形，不同造型的领口会给风帽的效果带来不同的变化。风帽设计除在领口进行变化外，也可在帽子的边缘进行装饰，如加毛边或装饰布，还可在帽子的中缝加装饰条或拉链。婴儿风帽，在造型上可以设计成虎头形、猫头形等各种动物形象，既可爱又充满童趣。风帽的结构实际上是帽身与翻折领的组合，其结构种类大体可分为三种：宽松型，帽身做成两片；较宽松型，帽身进行收省；较贴体型，帽身进行分割。

1.风帽设计要素

（1）头长：人体自头顶至颈侧点的长度（头部自然倾斜）为头长。成人头长约33cm，儿童随年龄的不同头长有很大的差异。在尺寸表上没有头长的直接数据，通常按头围的一定比例进行计算。

（2）头围：儿童头围尺寸随年龄的变化而变化，是在头部最大位置插入两个手指，环绕一周进行测量得到的尺寸。进行帽宽设计时常采用此尺寸，由于风帽不必包覆人的脸部，因此可采用1/2头围作为基本设计尺寸，根据风帽的合体程度进行数值的调整。

2.风帽结构制图

宽松型风帽结构制图如图4-10（a）所示。较宽松型风帽结构制图是在宽松型风帽结构图的基础上在底部和顶部分别作2.5cm的省道，如图4-10（b）所示。较贴体型风帽结构制图是在宽松型风帽结构图的基础上作4cm宽分割线，分割出的小片作为帽中条，连接左、右帽身，剩下的帽身在下口线处去除图4-10（b）中下口的省道量，如图4-10（c）所示。

五、项目评价

项目评价内容可参照模块一项目一进行操作。

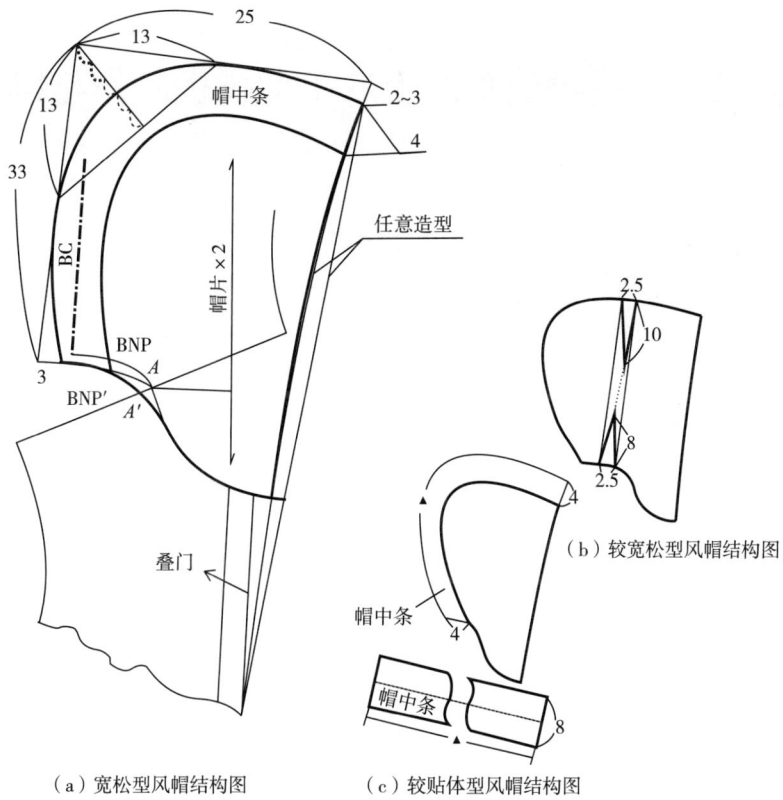

（a）宽松型风帽结构图　　（c）较贴体型风帽结构图

图 4-10　常用风帽结构制图

项目二　连帽绣花女童上衣工业样板制作与推档

一、项目描述

这是一款外贸生产订单服装。根据款式描述和客户资料分析，对本款连帽绣花女童上衣进行工业制板，并进行放缝、推档和排料。

二、项目分析

（一）款式描述

此款为连帽绣花女童上衣（图4-11），带帽外衣既实用又显活泼，前中开襟钉四粒扣，袖口和腰间的绣花是本款服装的亮点，连帽造型和前、后衣片刀背分割造成正装与休闲混搭的风格。所有的分割线均缉0.3cm明线。

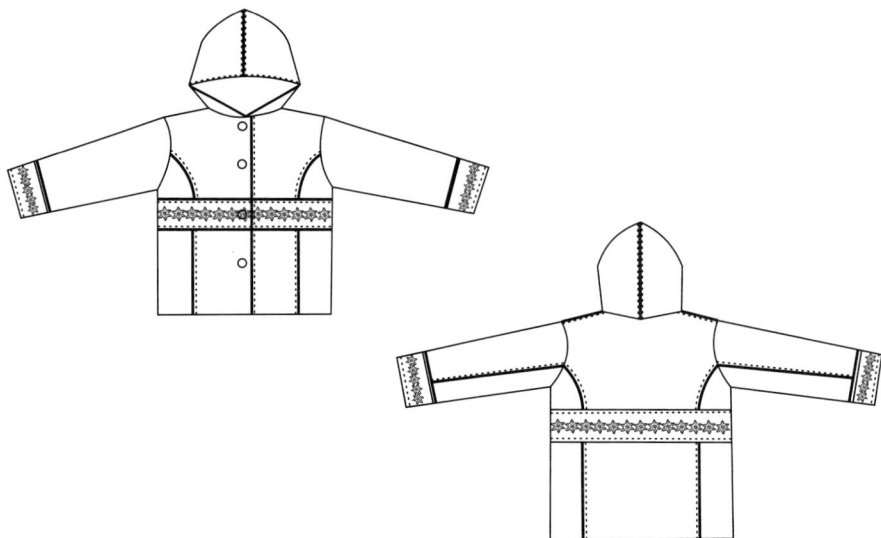

图4-11　连帽绣花女童上衣款式图

（二）客户资料分析

1.配料表（表4-4）

表4-4　连帽绣花女童上衣配料表　　　　　　　　　　　单位：cm

面料	麂皮绒
里料	粉红色羊羔绒，经、纬缩率2%

续表

辅料	直径2.1cm四眼树脂花纽5粒，备纽1粒，浅梅红款号标一只，主标橙色底、黑字一只，洗唛一只 0.5cm闪光乳白色珠片，120片/件＋备用10片/件 60ˢ/3涤纶线，浅梅红色

2.规格表（表4-5）

表4-5　连帽绣花女童上衣成品规格表　　　　　　　　单位：cm

部位	规格					
	80	86	92	98	104	110
半胸围	35	36	37	38	39	40
半下摆	36	37	38	39	40	41
后中长	38	40	42	44	46	48
袖窿（直量）	16	17	18	19	20	21
半领围	16	16.5	17	17.5	18	18.5
肩宽	28	29	30	31	32	33
袖长（从颈肩点量）	36	38	40	42	44	46
袖口大	10.5	11	11.5	12	12.5	13
帽高	28	28.5	29	29.5	30	30.5
帽宽	21	21.5	22	22.5	23	23.5

三、项目实施

（一）初样制板

选取成品规格表中的"92"进行初样制板。本款上衣，面料经缩2%、纬缩2%。制板时要加入缩率。

1.后片制板公式与要点

连帽绣花女童上衣后片制板如图4-12所示。

（1）制板后中长＝后中长÷（1－2%）。

（2）后领深＝1.8cm（取定数）。

（3）后领宽＝$\dfrac{领宽}{2}$。

（4）后肩宽＝$\dfrac{肩宽}{2}$÷（1－2%）。

（5）袖窿深＝袖窿直量÷（1－2%）。

（6）后胸围大＝$\dfrac{半胸围}{2}$÷（1－2%）。

（7）下摆大＝$\dfrac{半下摆}{2}$÷（1－2%）。

（8）绣花腰带宽3.5cm，拼接在衣片断开处。由于麂皮绒面料有倒顺毛特征，为了防止出现色差，纱向与前、后衣片要保持一致。

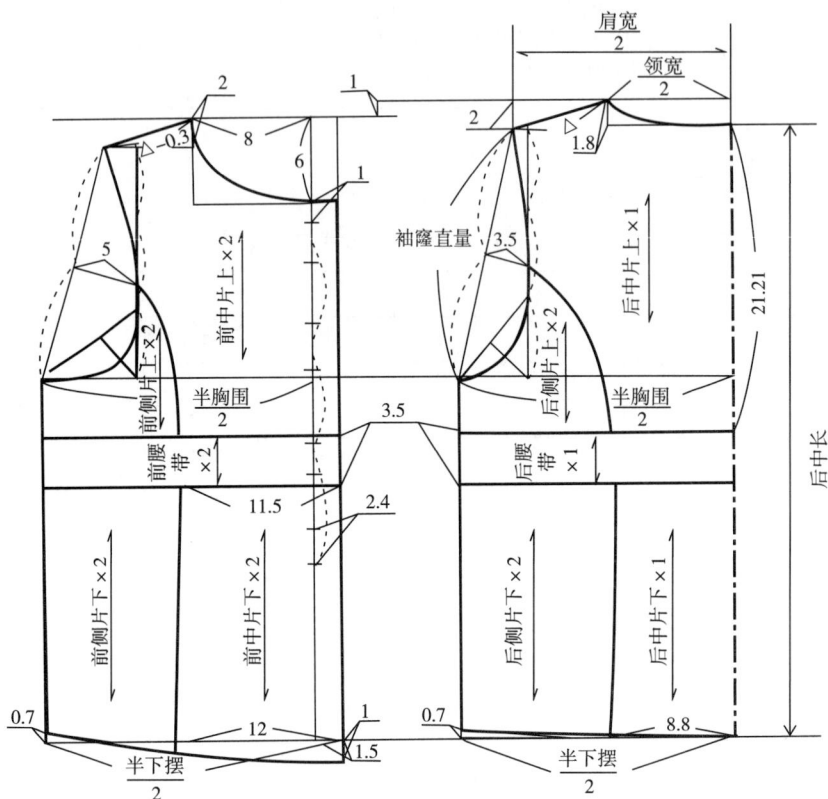

图4-12 连帽绣花女童上衣前后片制板

2.前片制板公式与要点

连帽绣花女童上衣前片制板如图4-12所示。

（1）前衣片上平线比后片低落1cm，下摆比后中长长出1cm。

（2）前领深=6cm（取定数）。

（3）前领宽=$\dfrac{领宽}{2}$。

（4）前肩宽=后肩宽−0.3cm。

（5）前胸围大=$\dfrac{半胸围}{2}$÷（1−2%）。

（6）绣花腰带宽=3.5cm。

（7）扣位确定：第一粒扣在领圈下1cm，第三粒扣在腰带中间，第二粒扣在第一粒和第三粒扣正中间，然后按等距确定第四粒扣的位置。

3.袖片制板公式与要点

连帽绣花女童上衣袖片制板如图4-13所示。

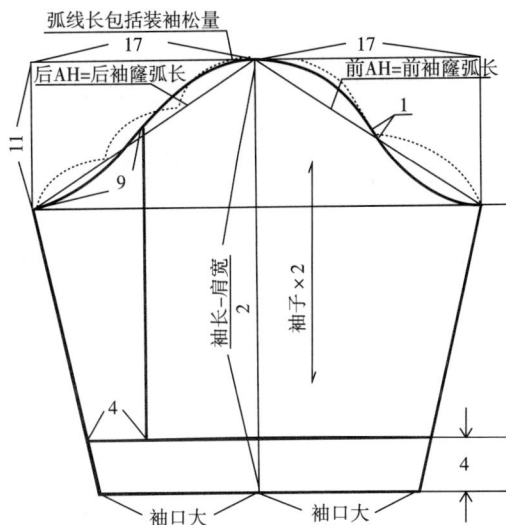

图 4-13 连帽绣花女童上衣袖片制板

（1）袖长 $= \left(袖长 - \dfrac{肩宽}{2} \right) \div （1-2\%）$。

（2）袖山高 =11cm（定数）。

（3）袖山斜线 = 前、后袖窿弧长。

（4）袖口大 = 以袖山中线为基准，向左、右两边各量袖口 $\div$（1-2%）。

（5）袖片分割线下端宽4cm，上端沿袖山弧线量9cm，取直线。

（6）袖克夫宽4cm，为了防止出现色差，纱向与袖片纱向保持一致。

4. 帽子制板公式与要点

连帽绣花女童上衣帽片制板如图4-14所示。

（1）制板帽高 = 帽高 $\div$（1-2%）。

（2）制板帽宽 = 帽宽 $\div$（1-2%）。

（3）帽下口弧线长 = 后领圈弧线 + 前领圈弧线。

（二）样板确认

1. 基础纸样的检查

（1）观察样板是否与样品要求相符（造型与结构）。

（2）审核样板的规格是否与所提供尺寸相一致，是否考虑了缩率等因素。

（3）审核制板是否与款式相符合。

（4）审核零部件制板是否齐全。

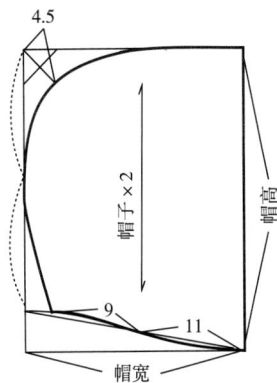

图 4-14 连帽绣花女童上衣帽片制板

2.样板放缝

如图4-15所示，服装衣片及零部件放缝，弧线部位放缝0.8cm，直线部位放缝1cm。

3.做标记

（1）标明部位名称、所需数量、号型、净样、毛样等。

（2）做对位标记，袖山与袖窿对位、帽子下口与领圈对位、刀背分割线对位等。

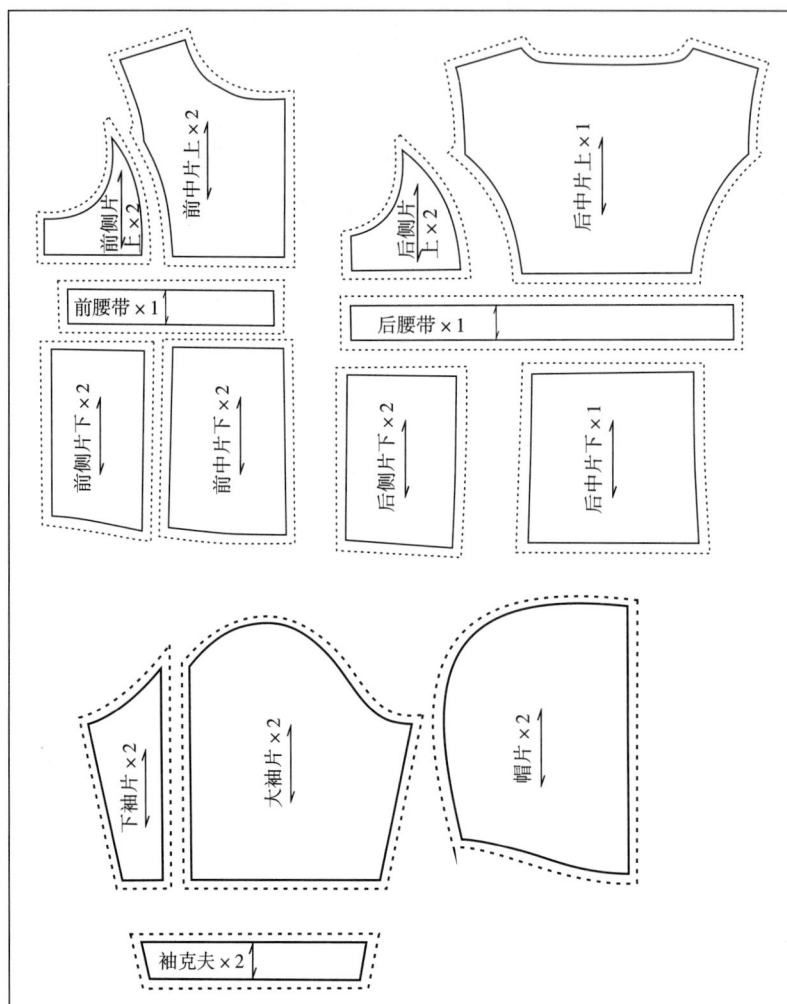

图4-15　连帽绣花女童上衣衣片及零部件放缝

（三）样板推档放缩

1.前后衣片推档放缩

以前、后衣片中线和腰带分割线为基准进行推档放缩，具体推档数值如图4-16所示。

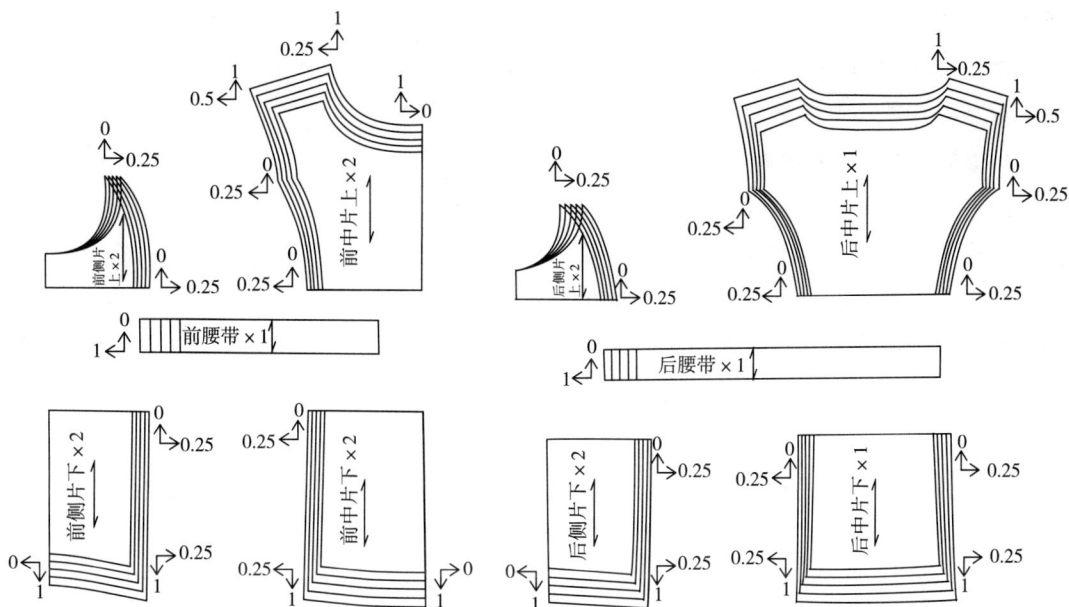

图 4-16 连帽绣花女童上衣前后片推档放缩图

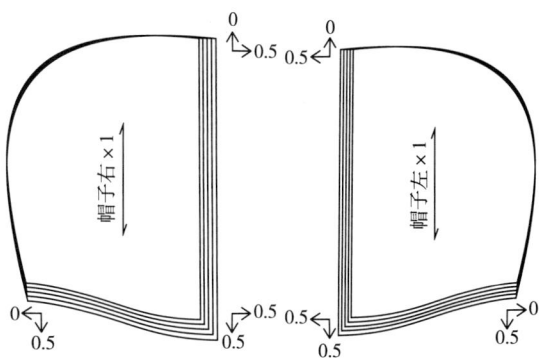

2.袖片推档放缩

以袖片分割线和袖口线为基准进行推档放缩，具体推档数值如图4-17所示。

3.帽子推档放缩

以帽高和帽宽线为基准进行样板推档放缩，向前中、向下各放缩0.5cm。具体推档数值如图4-18所示。

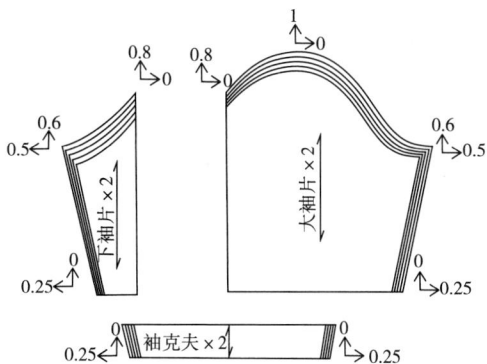

图 4-17 连帽绣花女童上衣袖片推档放缩图   图 4-18 连帽绣花女童上衣帽子推档放缩图

四、知识链接

（一）童装尺寸设定的依据

童装成品尺寸要考虑儿童的呼吸量、活动量，即人体的静态和动态尺度。除此之外，还要考虑服装本身与人体生理因素的关系，如衣服的长短尺寸、松紧尺寸等都应有一定的设计范围和审美习惯，这个范围和习惯是为了取得服装与人体结合的"合适度"，否则不仅对服装的功能性产生影响，而且不符合审美习惯。

1. 童装围度的人体依据

任何款式的服装，其最小围度除了实用和造型效果要求之外，不能小于人体各部位的实际围度（净围度）+基本松量+运动松量之和。对童装而言，实际围度一般指净尺寸（童装以穿内衣测量为准），基本松量是考虑构成儿童身体组织弹性及呼吸所需的量设计的，运动松量是为有利于儿童的正常活动设计的。对童装结构设计有影响的围度是胸围、腰围和臀围、头围、颈围、掌围和足围。

2. 童装围度尺寸设定

（1）胸围：胸围+基本松量成为上衣胸部尺寸的最小极限，它不涉及运动松量。

（2）腰围：腰围+基本松量+运动松量成为腰部尺寸的最小极限。该尺寸的设定有助于服装上下部分在腰间连接为整体结构的设计，如连衣裙、连身衣裤、长外套等，普通裤子、半截裙的腰部设计只需考虑腰围净尺寸和松量，不必考虑运动松量。

（3）臀围：臀围+基本松量+运动松量成为臀部尺寸的最小极限，同时臀部需要平整的造型，在围度中增加臀部的运动松量不符合造型美的规律，因此，童装臀部的运动松量往往增加在围度和长度两个方面。

（4）头围和颈围：头围和颈围都是加上各自的松量为最小极限。颈围+松量是关门领领口尺寸设计的参数；头围+松量是贯头装领口尺寸设计的参数，很多童装款式都有风帽设计，因此头围尺寸在童装设计中尤为重要。

（5）掌围和足围：掌围和足围都是加上各自的松量为最小极限。掌围+松量是袖口、袋口尺寸设计的参数；足围+松量是裤口尺寸设计的参数。

以上围度尺寸设定是普遍规律，根据不同面料性能，围度应作适当修正，如针织面料和机织面料在围度上的尺寸有所不同。如儿童体操服设计中，其成衣围度比人体实际围度小，这是因为针织面料伸缩性强的缘故。童装的开放性结构设计，在上述围度最小极限的要求下，可以依据美学法则和流行趋势进行设计。

（二）童装围度放松量变化规律

服装的上装与人体的肩、胸、腰，下装与人体的腰、臀部位有着密切的关系。人体的胸、腰、臀是一个复杂的曲面体，胸、腰、臀尺寸放松量决定着服装轮廓造型，也是服装穿着舒适性。为使服装穿着舒适，不影响儿童的生长发育，同时又达到美观的效果，应对不同的体型、不同服装的款式造型进行各部位放松量的合理加放。根据儿童年龄的不同，各部位围度尺寸的放松量应作适当调整，越小的儿童，服装的舒适功能要求越强，放松量越大，较大儿童服装放松量接近或等于成人的围度放松量。

1.童装的上装放松量

（1）胸围放松量。基本放松量（6~8cm）+衣服厚度所需的间隙松量+成衣周围与体围之间所形成的平均间隔量。

（2）腰围放松量：较小的儿童，腹部凸出，腰围尺寸实际上是腹围尺寸，放松量不但不能小于胸围放松量，而且在进行款式设计时，应选择设计有褶裥、抽褶或A型结构，以增加腰围的放松量。较大的女童（15岁）体型逐渐发育，出现胸腰差，但体型仍然没有发育完全，胸腰差要小于成年女子，同时考虑到女童的生长发育，款型设计不应十分贴体，因此其腰围的最小放松量应不小于8cm。

（3）臀围放松量。针对儿童的特点，臀围放松量为人体臀围（净尺寸）+内衣厚度。

2.童装的下装放松量

（1）腰围放松量：腰围是在人体直立、自然状态下进行测量的。当人坐在椅子上时，腰围围度约增加1.5cm；当坐在地上时，腰围围度约增加2cm；呼吸前后腰围围度会有1.5cm差异；较小儿童进餐前后腰围围度会有4cm的变化。因此，婴幼儿腰围放松量最小为4cm，在款式结构上可采用背带或橡筋带，通常较大儿童裤子腰围放松量为2~2.5cm。

（2）臀围放松量：人体站立时测量的臀围尺寸是净尺寸，当人坐在椅子上时，臀围围度约增加2.5cm，坐在地上时，臀围围度约增加4cm，根据人体不同姿态的臀部变化可以看出，臀部最小放松量应为4cm，但为了适应儿童激烈运动与成长，同时做到穿着舒适合体，放松量应控制在8cm左右。

（三）装饰物在童装设计中的应用

利用装饰物对童装进行装饰设计是童装设计中一个非常重要的方面，在不同年龄段儿童服装设计中装饰设计起到了重要作用。装饰物装饰包含多个方面，如花边装饰、口袋装饰、纽扣装饰、拉链装饰等。

1.花边装饰

花边是女童服装中较常见的装饰物，主要应用在幼童和学龄儿童的服装中，常用于女童的衬衣、连衣裙、短裙及T恤衫等。

花边可分为荷叶边和镂空蕾丝花边等。荷叶边通挂面料曲折变化带来动感立体的装饰效果，在应用中可以使用与服装相同的面料制作，也可以采用不同于服装本身的面料，可以运用多种色彩或不同质感的面料制作多层荷叶边，表现出层层叠叠的造型。镂空蕾丝花边一般是由化纤面料制成，多用于年龄较大的儿童服装，在较小儿童服装使用中不应直接接触皮肤。蕾丝花边可以直接拼接在女童装的下摆、领口、袖口等处，也可以在服装的分割线上使用。

花边在童装中的装饰应简单，不要过于复杂，否则会影响儿童的活动，使其在活动中容易挂到物件，威胁其安全（图4-19）。

图 4-19　花边装饰在童装中的应用

2. 口袋装饰

口袋在童装中的应用不容忽视，它是装饰性和实用性合为一体的装饰物。口袋用来盛装随身携带的小物件，体现其实用功能；另外对于不同款式造型的服装起到装饰和点缀作用。口袋装饰主要应用在较大的婴儿装、幼童装和学童服装中。

口袋的种类很多，根据其结构特点可以分为贴袋、挖袋和插袋三种。由于贴袋的工艺简单，造型变化多样，所以装饰范围较广，在童装中的应用也比较广泛，既可用于儿童的上衣，也可用于儿童的休闲裤。在幼童服装中可以把贴袋设计成各种仿生图案，如水果、小动物、小船、小篮子等，能更好地适应儿童的心理特征并烘托出儿童天真活泼的可爱形象。挖袋和插袋的应用也很广，在裤装上基本都可以见到这两种口袋。童装上多种类型的口袋一起应用也很常见，这样的设计使得童装更休闲、更时尚。

童装中应用口袋装饰时，应考虑不同年龄儿童的生活习惯和生理特点，例如1周岁以下的婴儿服装最好不要使用口袋，因为这个年龄的儿童生活还不能独立，而且睡眠时间较多，服装需要的是舒适性，而口袋会造成服装面料的叠加，增加服装部分区域的厚度，使婴儿感到不适。所以口袋在童装中的装饰最好用于年龄较大的孩子。

口袋的种类很多，形态又富于变化，因此在进行口袋设计时，需注意局部与整体在大小、比例、形状、位置、风格、款式、色彩上的协调统一（图4-20）。

3. 纽扣装饰

服装造型中，纽扣用于扣系衣服，虽然体积小但功能却不小，是服装造型不可缺少的一部分。同时它又是装饰物，在童装中的装饰尤为重要。

纽扣种类很多，形状多样，以圆形为主，还有球形、方形、半球形等。根据所使用的材料，纽扣大体上可以分为：金属扣、塑料扣、木扣、骨扣、石扣、贝壳扣、布扣等。

儿童在成长的各个阶段，纽扣装饰的内容有所不同。幼童服装可以把纽扣设计在肩部，既方便穿脱，又使得儿童在睡觉或被抱起时不被纽扣伤害。根据儿童不同阶段自理能力的不同，纽扣的数量也不同，儿童刚开始学习穿脱衣服时，可以只在衣服中加入一颗纽扣，随着年龄的增长，逐渐增加纽扣的数量。

图 4-20　口袋装饰在童装中的应用

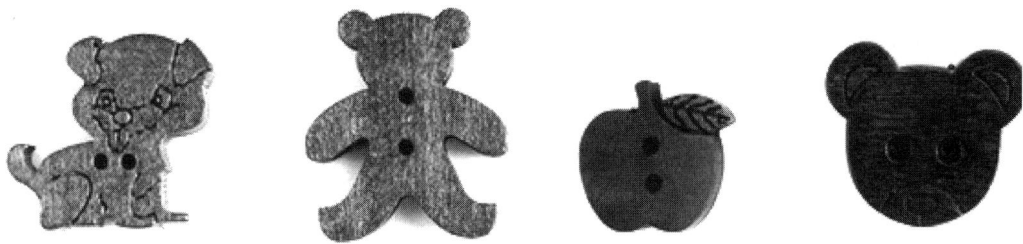

纽扣可以在材料与色彩上起到调节服装整体配置关系的作用，增强服装的统一协调性，起到画龙点睛的作用。金属扣是较大儿童服装中常用的纽扣。由于金属的耐磨性、牢固性较好，所以多用于经常穿脱的服装，如外套、牛仔服、风衣、外裤等。在设计上，运用其金属光泽和质感与面料搭配可以产生不同的效果。由于金属纽扣在一定程度上会影响服装的舒适度，所以一般不应用于婴幼儿服装。

塑料扣是现在服装中常见的一种辅料，由于塑料扣色彩丰富，花样繁多，能适合各种风格和面料的服装，所以应用比较广泛，在童装装饰中也是应用最多的一种纽扣。应用不同颜色和图案的纽扣对童装进行装饰，效果别具一格（图4-21）。

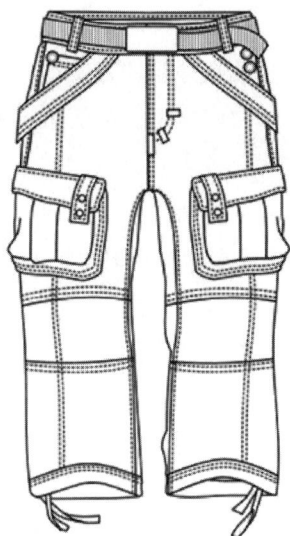

图 4-21　纽扣装饰在童装中的应用

4. 拉链装饰

拉链属于扣系材料，在童装中的作用与纽扣相似，既具有一定的功能性，又具有装饰性。拉链根据构成材料的不同可分为金属拉链、塑料拉链、尼龙拉链三种。

童装设计选用拉链时，应注意拉链的质感、颜色和服装面料的协调一致。金属拉链一般用于面料较厚的服装，如牛仔服、防寒服等；塑料拉链多用于外衣、外裤、风衣、运动衣等；尼龙拉链多用于女童的连衣裙、半身裙、轻薄上衣等。选用拉链时，应考虑其功能性和儿童穿着的方便性，如婴幼儿不宜采用金属拉链和背部装拉链的形式，人体活动的关节部位应尽量避免使用拉链等。设计薄牛仔面料童装一般采用塑料拉链，由于金属拉链会划伤儿童皮肤，所以采用塑料拉链，颜色仿制金属拉链，既保证款式与颜色相协性，又一定程度上增强了服装的安全性。

5.其他装饰物

在童装装饰物设计中，除了上述几种还有一些附件装饰，如襻带、绳带等。襻带一般用在服装的肩部、腰部、下摆、袖口和领口等部位，因部位的不同，选择的材料和造型也不同。在童装中，腰襻常应用在夹克、风衣等服装上，起到收紧下摆的作用，方便儿童的活动。袖口加襻也是童装中常见的一种，收紧袖口便于儿童活动，也起到一定的装饰效果。绳带的运用很多，有宽窄、粗细之分，装饰部位也很多，如腰部、颈部、前胸、后背、下摆等绳带，是童装中应用十分广泛的一种装饰物。

（四）面料在童装设计中的应用

服装的造型与色彩都依赖于面料，不同的服装对面料的外观和性能有不同的要求。只有充分考虑儿童的生理特点，了解和掌握面料的特性，才能设计出有利于儿童健康的服装款式。

1.童装面料的选用

考虑儿童的生理特点，童装面料选用应以功能性为主。婴儿皮肤表面湿度高，新陈代谢旺盛，易出汗，肌肤柔嫩，对外部的刺激十分敏感，易发生湿疹、斑疹。因此，婴儿服面料应选择轻柔、富有弹性、容易吸水、保暖性强、透气性好、不易起静电且耐洗涤的天然纤维面料。粗糙的面料、过硬的边缝和过粗的线迹，都易擦伤婴儿皮肤，尤其是颈部、腋窝、腹股沟等部位易出汗潮湿，会因衣服面料的粗糙或僵硬而发生局部充血和溃烂。另外，婴儿经常吸吮服装，因此，面料应具有良好的染色牢度。

幼儿服装季应选用透气性好、吸湿性强的面料，使幼儿穿着凉爽。秋冬季宜用保暖性好、耐洗耐穿的较厚面料。

2.童装新面料的应用

近些年来，服装面料除回归自然外，人们对休闲、舒适、纯天然、安全的要求更为重视，环保意识进一步加强。以天然纤维棉、麻、毛、丝等为原料的服装面料大受欢迎，特别是用高新技术改良的天然纤维面料更受喜爱，如不需经过染色的天然彩棉、无公害的生态棉花等在童装设计中广泛应用。

针对合成纤维吸湿、透气性较差和易起静电的特点，近几年纤维加工工艺和后处理工艺有了很大的突破和创新，技术改良后的各种纺织面料在很多方面符合人体的穿着要求。如改良后的各种混纺、化纤面料在吸湿、透气方面有很好的突破，抗静电性优良且不易沾污。高科技与创意结合，赋予服装各种各样的特殊功能，迎合了现代人个性化的服装理念，如用莱卡、天丝等纤维织造的各种新型面料，体现出比传统面料更柔软、更舒适、更美观、更耐用且更时尚的特征。

　　如今许多新型抗菌纤维、防紫外线纤维、温控纤维、阻燃纤维的问世，给服饰设计带来了更广阔的天地。它们功能各异、色彩缤纷、个性十足，不仅满足了儿童消费者对更新、更好产品的追求，而且使儿童穿着更舒适、更人性化。

　　3.童装面料的流行

　　使用童装面料时，除注意面料性能外，还要关注面料色彩和花型的流行与工艺技术的时尚。注意面料的色彩、纹样、织造肌理的流行程度，加工工艺技术和后整理的方法，充分利用面料的性能和特征对童装进行个性化设计。

五、项目评价

　　项目评分内容可参照模块一项目一进行操作。

🖊职业技能鉴定指导

一、选择题

　　1.在进行童装纸样设计时，必须有准确的各部位数据，（　　　）是获得准确的人体尺寸的唯一途径，是进行童装结构设计的前提。

　　A.客户资料　　　　　　　　　　　B.款式图

　　C.人体测量　　　　　　　　　　　D.效果图

　　2.测量时注意手法，按顺序进行，一般（　　　）地按部位顺序进行，以免漏测或重复。

　　A.从后到前，从左向右，自上而下　　B.从前到后，从左向右，自上而下

　　C.从前到后，从右向左，自上而下　　D.从前到后，从左向右，自下而上

　　3.与成人相比，儿童中特殊体型较少，但仍为不可忽视的一类人群，一般主要有（　　　）。

　　A.肥胖体型、鸡胸体体型　　　　　　B.肩胛骨挺度强的体型

　　C.端肩体型　　　　　　　　　　　　D.综上所述

　　4.身高52~80cm的婴儿号型系列中，身高、胸围、腰围以（　　　）分档，分别组成7·4系列。

　　A.7cm、4cm、3cm　　　　　　　　B.5cm、4cm、3cm

　　C.7cm、2cm、2cm　　　　　　　　D.5cm、4cm、2cm

　　5.风帽的结构实质上是帽身与翻折领的组合，其结构种类大体可分为（　　　）。

　　A.宽松型、合体型　　　　　　　　　B.窄身性、宽松型

　　C.宽松型、较宽松型、较贴体型　　　D.宽松型、贴体型

6.口袋的种类很多，一般根据其结构特点可以分为（　　　）。

A.贴袋　　　　　　　　　　　　　　B.挖袋

C.插袋　　　　　　　　　　　　　　D.综上所述

7.童装设计中选用拉链时，应注意拉链的（　　　）和服装面料的协调一致。

A.金属拉链　　　　　　　　　　　　B.质感、颜色

C.塑料拉链　　　　　　　　　　　　D.尼龙拉链

8.针对合成纤维（　　　）的特点，近几年纤维加工工艺和后处理工艺有了很大的突破和创新，技术改良后的各种纺织面料在很多方面符合人体的穿着要求。

A.吸湿、保暖性较差，容易起静电　　　B.吸湿、透气性较差和易起静电

C.吸湿、保暖性较差和不易起静电　　　D.吸湿性好、透气性较差和不易起静电

9.掌围加松量是（　　　）尺寸设计的参数。

A.袖口　　　　　　　　　　　　　　B.袖长

C.袖口、袋口　　　　　　　　　　　D.袋口

10.颈围加松量是（　　　）尺寸设计的参数。

A.帽子　　　　　　　　　　　　　　B.关门领领口

C.肩宽　　　　　　　　　　　　　　D.帽子

二、判断题

1.由于儿童人体测量时，身体容易移动，所以对于年龄较小的儿童，以主要尺寸为主，如身高、胸围、腰围、臀围等，其他部位的尺寸可通过推算获得。（　　　）

2.儿童人体测量与成人人体测量相同，都以净体尺寸为依据，不需要穿内衣测量。（　　　）

3.儿童胸围测量以水平围量胸部最大位置一周，软尺内能夹进2个手指（约1cm的松量）所得到尺寸。（　　　）

4.我国儿童服装号型执行的标准是GB/T 1335.3—2009，也分为Y、A、B、C四类体型。（　　　）

5.童装成品尺寸要考虑儿童的呼吸松量、活动松量，即人体的静态和动态尺度，除此之外，还要考虑服装本身与人体生理因素的关系。（　　　）

6.对童装结构设计围度方面最有影响的是胸围、腰围、臀围以及头围、颈围、掌围、足围。（　　　）

7.年龄较小的儿童，腹部凸出，腰围尺寸实际上是腹围尺寸，放松量不但不能小于胸围放松量，而且在进行款式设计时，应设计成褶裥、抽褶或A型结构，以增加腰围的放松量。（　　　）

8.童装中应用口袋装饰时，不用考虑不同年龄儿童的生活习惯和生理特点，任何年龄的服装都可以设计口袋。（　　　）

9.拉链属于扣系材料，在童装中作用与纽扣相似，既具有一定的功能性，又具有装饰

性。拉链根据构成材料的不同可分为金属拉链、塑料拉链、尼龙拉链三种。(　　)

10.童装面料选用时应考虑儿童的生理特点，选用以功能性为主的面料。(　　)

参考答案

一、选择题

1.C　2.B　3.D　4.A　5.C　6.D　7.B　8.B　9.C　10.B

二、判断题

1.√　2.×　3.√　4.×　5.√　6.√　7.√　8.×　9.√　10.√